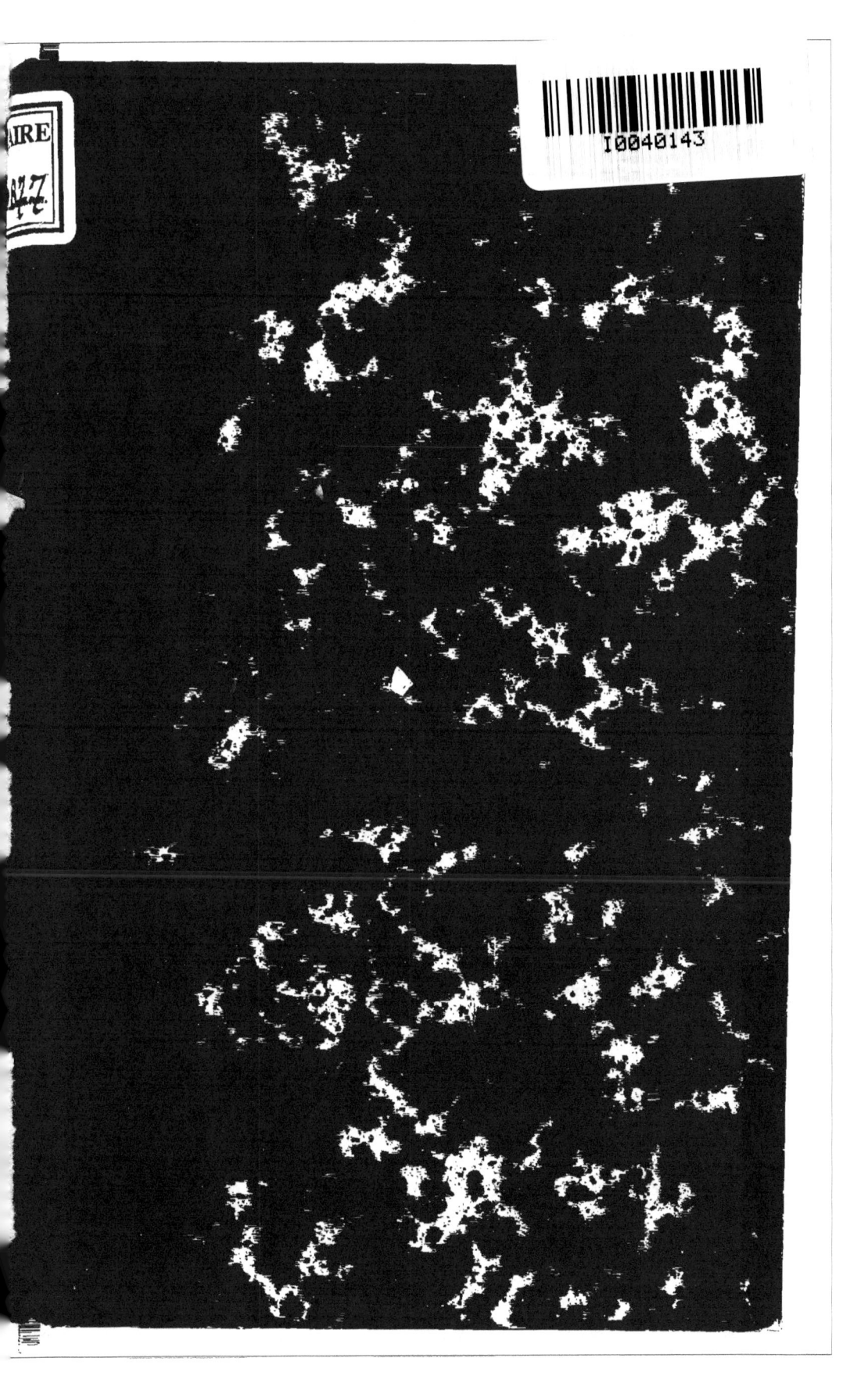

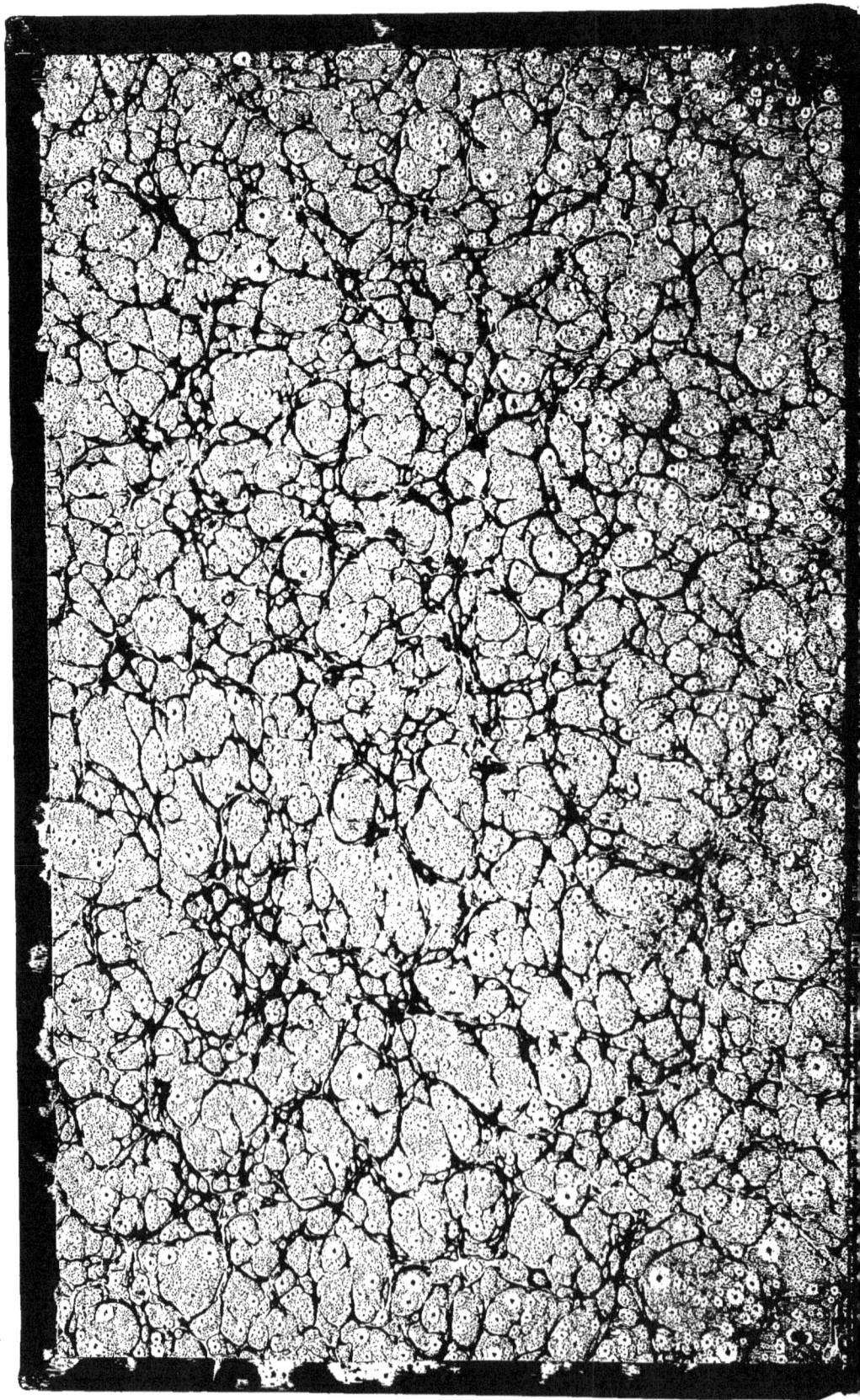

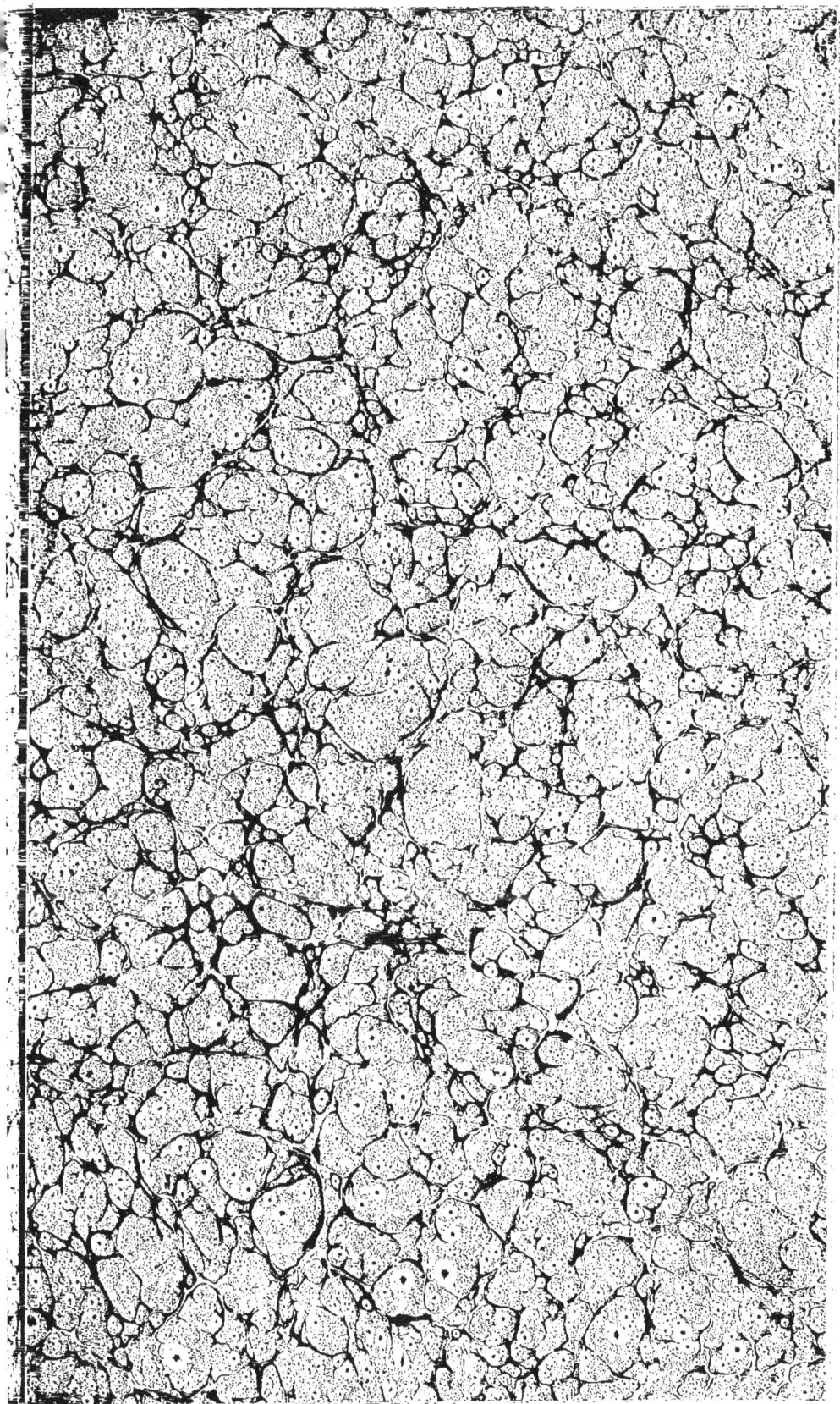

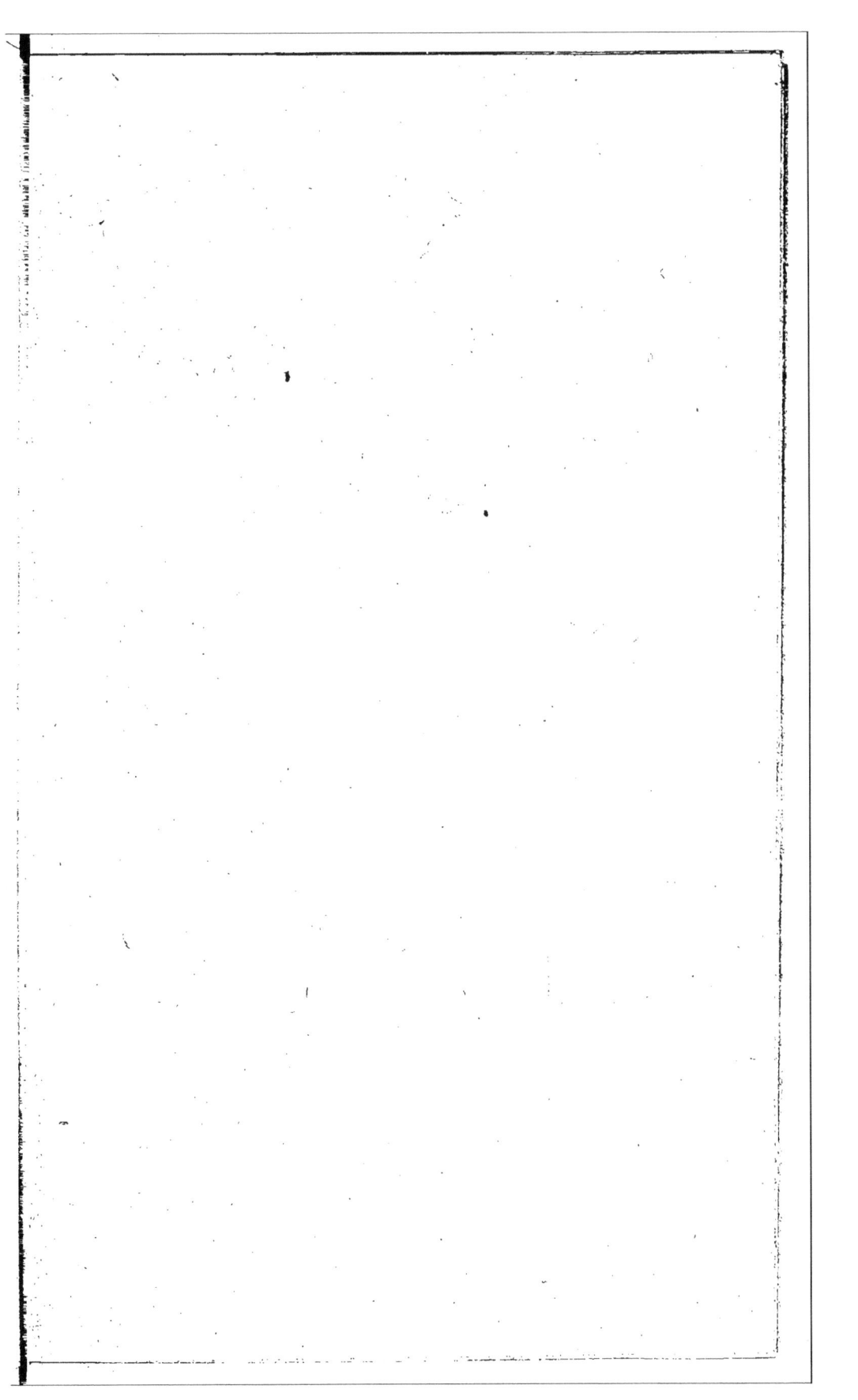

V

DESCRIPTION,

THÉORIE ET USAGE

DU

CERCLE DE RÉFLEXION

DE BORDA.

DE L'IMPRIMERIE ANTHELME BOUCHER,

RUE DES BONS-ENFANS, N°. 34.

DESCRIPTION,

THÉORIE ET USAGE

DU

CERCLE DE RÉFLEXION

DE BORDA;

Par J.-F. Artur,

PROFESSEUR DE MATHÉMATIQUES ET DE NAVIGATION,
ASSOCIÉ CORRESPONDANT DE L'ACADÉMIE DES SCIENCES, ARTS ET
BELLES-LETTRES DE CAEN.

A PARIS,

CHEZ

CARILIAN-GOEURY, Libraire, Quai des Augustins, n°. 41 bis;
M. LENOIR, Artiste, rue Saint-Honoré, n°. 340;
L'AUTEUR, rue Saint-Jacques, n°. 56.

1824.

A MONSIEUR

R.-L. PRUDHOMME,

PROFESSEUR DE NAVIGATION A CAEN, MEMBRE DE L'ACADÉMIE ROYALE DES SCIENCES, ARTS ET BELLES-LETTRES, VICE-SECRÉTAIRE DE LA SOCIÉTÉ D'AGRI-CULTURE ET DE COMMERCE DE LA MÊME VILLE, etc.;

VEUILLEZ, mon respectable Professeur et Collègue, agréer la Dédicace du premier ouvrage d'un de vos Élèves qui vous a autant d'obligations que de reconnaissance.

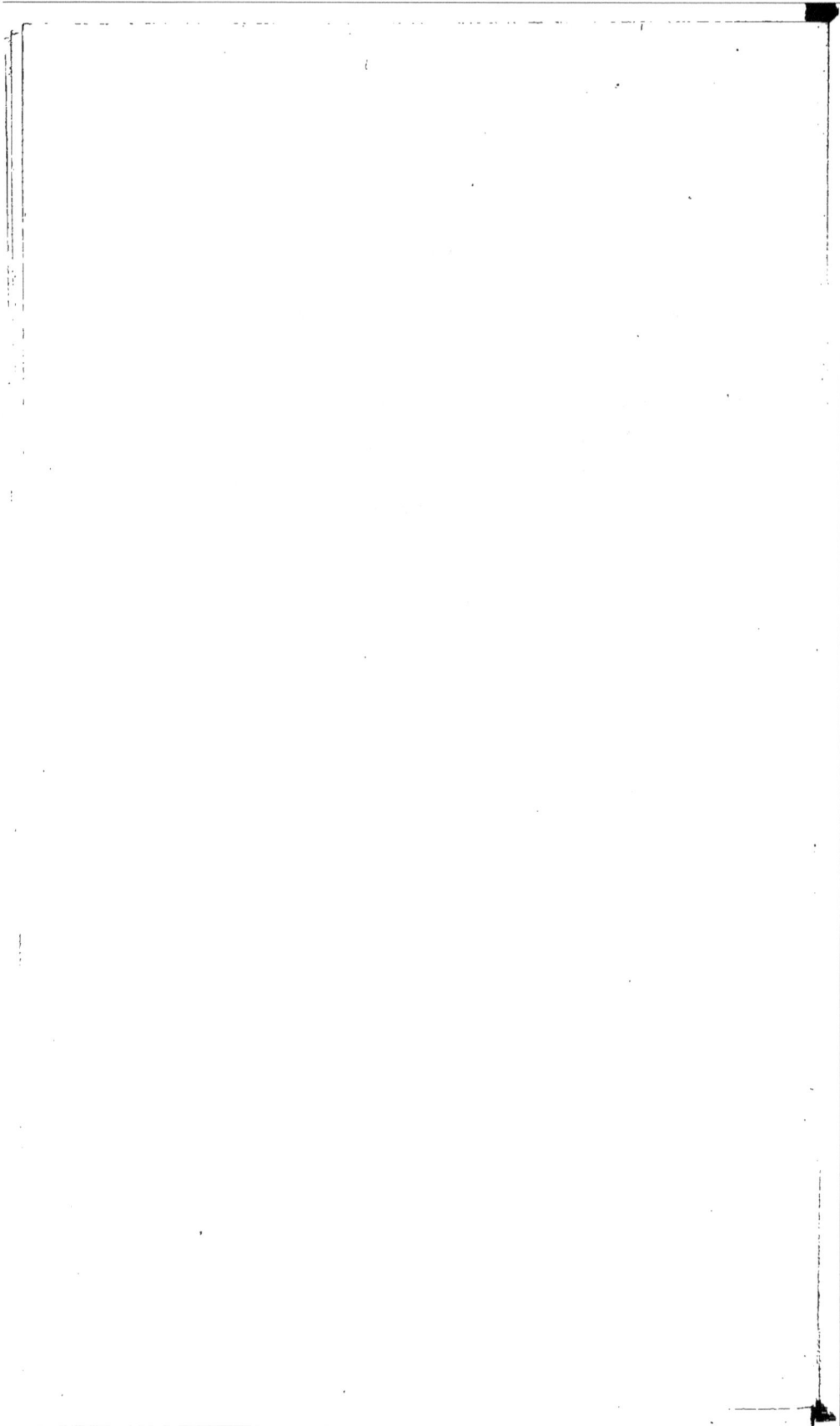

PRÉFACE
DE L'AUTEUR.

Il y a plus de trois ans que M. Lenoir fils nous engagea à écrire une description détaillée du *Cercle de réflexion de Borda*, dont le premier fut exécuté par M. Lenoir père, en 1771 (1) : nous nous empressâmes de répondre à cette proposition, en cherchant à démontrer rigoureusement, et d'après les principes les plus élémentaires de la géométrie et de la physique, toutes les vérifications et les rectifications dont cet instrument est susceptible ; mais d'autres occupations nous empêchèrent d'achever ce travail, et en l'ordonnant, lorsque nous l'avons repris, nous avons eu égard aux renseignemens et aux conseils que plusieurs personnes accoutumées à se servir des instrumens à réflexion ont bien voulu nous donner.

(1) Cette époque nous a été donnée par MM. Lenoir.

Nous allons entrer dans quelques détails sur les divers instrumens à réflexion dont on s'est servi successivement dans les observations nautiques et autres; et , sans remonter à ceux que l'on employait auparavant, comme l'*Astrolabe*, l'*Arbalestrille*, nous rappellerons qu'avant le cercle de Tobie Mayer, professeur à Groningen , on ne déterminait les angles que par une mesure simple; et quoique ce dernier instrument permît de la répéter, il conservait encore une partie des imperfections du *Sextant*, dont la principale consistait à établir le parallélisme des miroirs avant ou après chaque contact ; mais le célèbre Borda s'aperçut qu'en éloignant du centre le petit miroir du cercle de Mayer, on pouvait obtenir la mesure d'un angle, en faisant passer les rayons de l'objet réfléchi de l'un ou de l'autre côté de la petite glace , et réunir ces *observations à gauche* et *à droite* pour avoir une *observation croisée*, dont nous ferons connaître les avantages , ainsi que ceux de sa répétition sur chacune des premières mesures simples et isolées ou répétées.

Cette Description du *Cercle* peut servir

pour l'*Octant* et le *Sextant*, en y faisant les changemens indiqués à la fin de l'ouvrage, pour l'appliquer au dernier de ces instrumens ; lequel ne diffère du premier que par l'amplitude de son limbe, qui est de 60° au lieu de 45°.

Nous prévenons les observateurs qu'ils ne doivent pas se servir des instrumens en bois[1], quoiqu'ils aient de plus grandes dimensions que ceux en cuivre, parce qu'ils éprouvent des variations qui sont occasionnées par l'humidité de l'air et par les rayons du Soleil auxquels ils se trouvent exposés : de plus, M. LENOIR fils s'est assuré, par des observations simples et ingénieuses, que les parties du bois sont toujours en mouvement, quelles que soient son espèce et la préparation qu'on lui ait fait subir ; de sorte que toutes les parties de l'instrument sont soumises à une suite continuelle de changemens qui font que les résultats s'accordent rarement ensemble et avec ceux que donnent les cercles et les sextans en cuivre exécutés soigneusement.

La température influe sur les métaux ; mais ils se dilatent et se condensent proportionnellement dans toutes leurs parties : d'où il suit que les diverses dimensions correspondent toujours à des formes semblables.

Les résultats défectueux auxquels les mauvais instrumens conduisent infailliblement, sont très nuisibles aux progrès des sciences en général, et à ceux de la navigation en particulier ; car ils produisent un dégoût pour les observations, en faisant croire que l'on ne peut pas espérer d'obtenir une exactitude suffisante pour les besoins de la marine ; mais nous pouvons affirmer que l'emploi d'un bon instrument détruirait bientôt cette erreur.

Il ne faut pas croire que le renversement du cercle rende les *observations croisées* plus difficiles que les autres : on peut s'en convaincre en les essayant avec soin.

Comme la table des articles indique ce que contient chaque paragraphe, elle nous dispense d'entrer dans les détails du plan que nous avons suivi : c'est pourquoi nous dirons seulement que l'on trouvera, dans cette Description, l'usage de *l'arc subsidiaire ;* la construction et l'usage de deux pieds différens, exécutés par MM. Lenoir, pour ob-

server à terre avec le cercle ; une théorie suffisante des *loupes* et des *lunettes* pour en
faire concevoir l'utilité dans toutes les circonstances que l'on peut rencontrer ; la théorie et l'usage de la pièce que l'on fixe à volonté et au moyen d'une vis sur l'extrémité de l'alidade du petit miroir pour déterminer l'inclinaison de l'horizon visuel et pour
mesurer de grands angles, ainsi que l'application de la théorie de cette pièce au second
petit miroir du sextant qui sert à prendre
hauteur *par-derrière* (1).

Outre l'exécution de la nouvelle forme que
nous avons donnée à la pièce que l'on fixe
sur l'extrémité de l'alidade du petit miroir,
afin qu'elle serve à déterminer les angles qui
excèdent ceux que l'on peut obtenir avec les
miroirs des alidades, M. LENOIR fils a remplacé
les glaces du cercle par deux prismes de verre,
suivant les idées de M. Amici, de Modène ; et
comme cette nouvelle disposition ne permet

_____

(1) En l'an IX (1800-1801), M. LENOIR père, membre
du Bureau des Longitudes, chevalier de la Légion-d'Hon-
neur, a ajouté cette pièce au cercle de M. Rossignol, lieu-
tenant de vaisseau. Cet instrument est maintenant à l'observatoire de Brest.

pas de croiser la mesure des angles, il va construire, d'après le même principe, un instrument, analogue au sextant, dont l'amplitude du limbe sera de 100° sexagésimaux, et au moyen duquel on pourra mesurer les grands angles. Il a aussi placé un prisme métallique entre les miroirs du cercle, pour servir à la mesure des grands angles, en établissant le contact d'un objet, dont les rayons se réfléchissent successivement sur l'une des faces du prisme et sur le petit miroir, avec un corps dont les rayons arrivent dans la lunette après leurs réflexions sur les glaces. Cette addition a été indiquée par M. Daussy fils, ingénieur-hydrographe de la marine.

L'usage d'un second manche que l'on a adapté au cercle pour le tenir plus aisément dans une position renversée, ne s'est pas répandu.

Jusqu'à présent, les artistes n'ont pu remplacer les glaces des instrumens à réflexion que par des miroirs de platine; mais la difficulté d'allier convenablement ce métal, pour que le composé soit susceptible d'un beau poli, en augmente considérablement le prix. On a essayé des verres noircis; mais ils affaiblissent tellement les rayons de lumière, qu'il est excessivement difficile d'en faire usage pour observer des étoiles par réflexion. Comme il serait cependant très avantageux de remplacer la grande glace par un miroir métallique qui ne s'oxidât pas, on ne peut trop recommander aux artistes de faire tous leurs efforts afin de parvenir à cette amélioration qui doit être regardée comme inutile par rapport à la petite glace, dont l'inclinaison des surfaces opposées n'influe pas en général sur la mesure simple ou croisée des angles, ainsi que nous le prouverons dans cette description, et relativement à laquelle la partie transparente est en quelque sorte nécessaire pour affaiblir l'image directe, afin de la rendre moins différente de celle qui est réfléchie quand elles proviennent toutes les deux du même objet, comme cela a lieu lors du parallélisme des glaces.

L'expérience nous a prouvé qu'un grand miroir de platine bien poli réfléchissait sensiblement les rayons de la Lune et des étoiles brillantes avec le même éclat qu'une grande glace; mais il nous a été impossible de voir assez distinctement, dans la lunette du cercle, l'image réfléchie d'une étoile au moyen d'un grand verre noirci, pour en établir le contact avec l'image directe. Les circonstances ne nous ont pas permis d'observer l'image réfléchie de la Lune avec le grand verre noirci pendant qu'il a été à notre disposition.

On fait ordinairement correspondre l'axe de rotation de la monture d'une glace au tiers de son épaisseur, à partir de la surface étamée, tandis qu'on place celui de la monture d'un miroir métallique ou de verre noirci dans le même plan que sa surface polie et réfléchissante; mais cela n'est pas indispensable, comme nous le prouverons dans cet ouvrage.

Sur les figures des planches, nous avons distingué comme il suit :

. . . .   Les arrêtes que l'on ne voit pas.

- - - - - - - - -   Les rayons de lumière.

— . — . — .   Les lignes imaginées.

$\begin{cases} \text{Fig.} \\ \text{Fig.} \\ \text{fig.} \end{cases}$ les figures dont les dimensions sont $\left\{\begin{array}{c} \text{le cinquième} \\ \text{les deux cinquièmes} \\ \text{le double} \end{array}\right\}$ des objets

qu'elles représentent.

fig. Les figures dont les dimensions sont le cinquième des objets qu'elles représentent, excepté la largeur et la hauteur de la petite glace qui en sont les deux cinquièmes, lorsque les détails de la construction l'ont exigé, et l'épaisseur de l'une des glaces que l'on a doublée.

ғɪɢ. Les figures dont les dimensions n'ont pas un rapport constant et déterminé avec les objets qu'elles représentent.

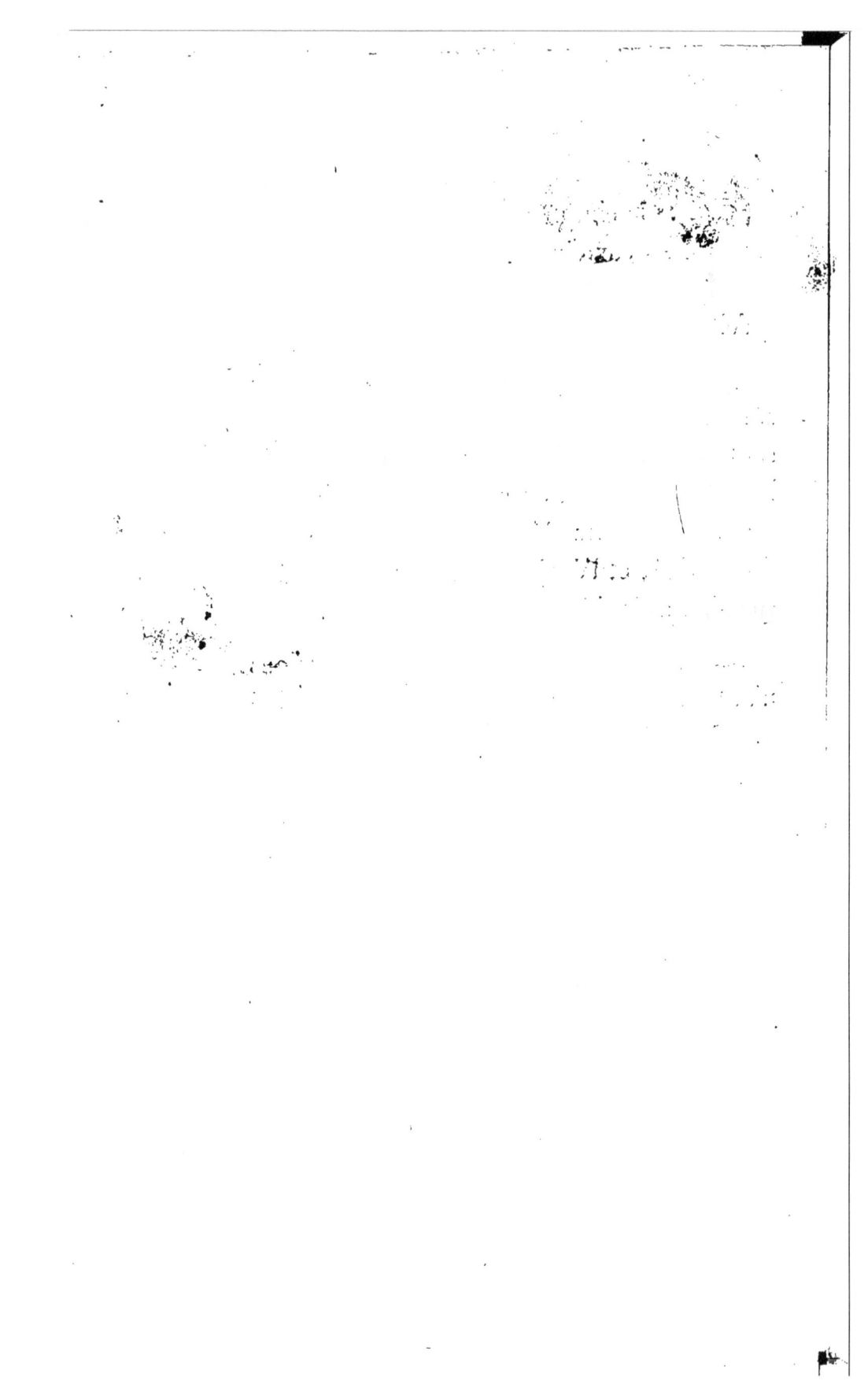

DESCRIPTION

DU

CERCLE DE RÉFLEXION

DU CHEVALIER DE BORDA.

1. UN rayon lumineux AB, *fig.* 1, *pl.* 1, qui rencontre une surface polie MN, se réfléchit de manière que sa nouvelle direction BC ne sort pas du plan mené par la droite AB et la normale (1) BR à MN ; de plus, l'angle incident ABR est égal à l'angle réfléchi CBR, ou, ce qui revient au même, les angles AB*p*, CB*q*, formés par les rayons incident AB et réfléchi BC avec le plan tangent au point B, sont égaux.

2. Les droites MN, *mn*, *fig.* 2, *pl.* 1, représentent les projections de deux miroirs plans, placés sur une surface plane à laquelle ils sont perpendiculaires ; le premier, que nous nommerons le grand miroir, peut tourner autour d'un axe K perpendiculaire au même plan : P est une ouverture ou

---

(1) On appelle normale, la ligne BR menée par le point B perpendiculairement au plan tangent.

pinnule fixée sur le même plan à une distance moindre que la hauteur des miroirs.

Après avoir placé le grand miroir MN de manière que le rayon de lumière SK se réfléchisse suivant KL, puis suivant LP; si on le fait tourner autour de l'axe K, jusqu'à ce qu'un autre rayon S'K se réfléchisse, d'abord suivant KL, puis suivant LP, pour passer, comme le premier, par la pinnule P, l'angle SKS', que font les directions des deux rayons de lumière, sera double de l'angle NKN', formé par le plan du grand miroir dans ses deux positions.

Démonstration. D'après le principe N°. 1. $\begin{cases} SKN = LKM \\ S'KN' = LKM' \end{cases}$

D'où $SKN - S'KN' = LKM - LKM'$ ou bien $SKS' + S'KN - S'KN - NKN' = MKM'$, qui se réduit à $SKS' - NKN' = MKM'$ ou $SKS' = 2NKN'$. C'est d'après cette propriété que l'on divise le limbe des instrumens à réflexion en demi-degrés que l'on compte pour des degrés.

Menant SP, et par le point K, la parallèle KL' à PL, on a $SPL = SK'L' = SKL' + KSK'$ (car $SK'L'$ est extérieur au triangle SKK' dont K et S sont les intérieurs opposés).

Dans tout ce qui va suivre, nous supposerons le point S assez éloigné pour que les angles SPL, SKL', qui diffèrent de KSP, puissent être pris l'un pour l'autre.

Il en sera de même à l'égard du point S'.

3. Le chevalier de Borda a placé la *fig.* **2**, sur un cercle entier représenté *fig.* 3, *pl.* **1**, portant deux alidades mobiles, l'une CD sur laquelle se trouve le grand miroir MN, l'autre PQ qui porte la pinnule P, le petit miroir *mn*, et qui se meut indépendamment de la première.

Dans la suite de cette description, nous donnerons des moyens pour vérifier ou rétablir la perpendicularité de chacun de ces miroirs sur le plan de la surface divisée du cercle.

La surface de derrière du grand miroir est étamée ainsi que la partie du petit la plus près de l'instrument, jusqu'à une hauteur égale à celle de la pinnule.

La circonférence, qu'on appelle *limbe*, *fig.* 36, *pl.* 3, est divisée en 720 parties égales, équivalentes chacune à un degré par la disposition des miroirs.

Chaque alidade CD, PQ est munie de deux vis, dont l'une, qui est placée derrière le limbe, sert à la fixer, et s'appelle *vis de pression*; l'autre V'' pour PQ et V''' pour CD, fait mouvoir lentement l'alidade à laquelle elle appartient, quand on l'a arrêtée par la première, et se nomme *vis de rappel*.

Dans toutes les opérations suivantes, nous supposerons que l'alidade mobile sera mise dans la position convenable, d'abord, par approximation, en la faisant mouvoir à la main, puis au moyen

1..

de la vis de rappel, dont on fera usage après avoir
serré la vis de pression. Il faut peu serrer la vis de
pression, crainte de la forcer.

A l'extrémité des alidades, il y a un arc divisé
AB pour PQ, A'B' pour CD, appelé *vernier* (du
nom de son inventeur) qui sert, comme nous le
verrons, à déterminer le point du limbe auquel
correspond son zéro.

On se sert ordinairement d'une loupe pour établir la coïncidence d'une division du vernier avec
celle du limbe que l'on veut, ainsi que pour lire
le nombre de degrés et de minutes auxquels correspondent les zéros des alidades, après les observations.

Dans tous les instrumens à réflexion exécutés
avec soin, la pinnule P, *fig.* 3, *pl.* 1, est remplacée
par une lunette PP', *fig.* 36, *pl.* 3 (1), dont l'axe
est parallèle au plan du cercle (2), laquelle renverse ordinairement les objets ; c'est pourquoi, il

---

(1) Il y a aussi quelquefois un simple tuyau que l'on
peut mettre (pour les observations qui demandent de la
célérité, sans exiger une grande précision) dans celui de
la lunette, après en avoir ôté les verres, en le fixant par
des bouchons de liége percés, ou autrement, ou bien en
le mettant à la place de la lunette, quand on peut l'ôter.

(2) Nous donnerons des moyens pour vérifier et remplir cette condition, si elle ne l'était pas.

faudra avoir égard à ce renversement dans les observations et les théories suivantes que nous en
supposerons débarrassées, crainte de les compli-
quer.

Les loges u, u', U, T, *fig.* 36, munies de vis
de pression, sont destinées à tenir des verres colorés (dont nous parlerons dans la suite) que l'on
trouve dans la boîte du cercle, et qui servent à
diminuer l'intensité des rayons lumineux des objets
observés.

Les loges u, u', U, sont obliques au plan de
l'instrument, de manière que quand les verres de
couleur sont placés, ils inclinent de 5° environ
vers le petit miroir. Cette inclinaison est nécessaire pour détruire les lumières blanches que pro-
duiraient les divers rayons réfléchis sur ces verres,
lorsqu'ils seraient renvoyés par le petit miroir dans
la lunette. La direction des lignes imaginées sur les
petits verres mis en U et T, parallèlement au cercle, est perpendiculaire à la direction des rayons
qui les rencontrent.

Lorsque l'angle à mesurer est compris entre
5°... 20' et 34°... 0', il faut mettre un grand verre
coloré, d'opacité convenable, en u, u', pour diminuer l'intensité des rayons de l'objet réfléchi; au-
delà de ces limites, on doit préférer un petit verre
placé en U : les rayons de l'objet direct s'affaiblissent toujours en mettant un petit verre en T.

On tient l'instrument à la main par un manche

qui se visse derrière, et dont la direction est perpendiculaire au plan du cercle (1).

Les bords du petit miroir sont coupés parallèlement à la droite qui joint les milieux des glaces,
pour diminuer autant que possible sa largeur, qui
est rencontrée par les rayons de l'objet réfléchi,
dans la mesure à gauche (2) de certains angles,
avant d'arriver au grand, qui est tellement placé
(pour des raisons physiques que nous expliquerons
dans la suite) que l'axe de rotation de son alidade
correspond au tiers de son épaisseur, à partir de
la surface étamée. On peut en dire autant du petit
miroir, quoique cette condition ne soit pas aussi
essentielle que relativement au grand; car il fait
constamment le même angle avec le rayon réfléchi
qui le rencontre. L'axe de rotation des miroirs devrait correspondre à leur surface réfléchissante,
s'ils étaient métalliques ou de verre noirci.

Le plan du grand miroir doit être incliné sur
la direction de son alidade de manière que, sans
déranger celle du petit, elle puisse s'éloigner de la
même quantité à droite et à gauche de la position
qu'elle occupe lors du parallélisme des glaces, afin

---

(1) Quant au sextant, dont nous parlerons quelquefois
dans le cours de cette description, il est ordinairement
muni d'un manche dirigé parallèlement à sa surface.

(2) Voyez, ci-après, ce que l'on appelle *observation à
gauche*, *à droite et croisée.*

que l'instrument serve à mesurer, par des observations croisées, le plus grand angle possible, d'après les inclinaisons respectives que le mouvement des alidades permet de donner aux miroirs.

Lorsque la condition ci-dessus n'est pas remplie, on peut mesurer avec le cercle de plus grands angles par des observations à gauche que par celles qui se font à droite ou réciproquement, selon que le grand miroir est placé de manière que son alidade peut s'écarter, à partir du parallélisme des glaces, d'une plus grande quantité dans le sens qu'il faut la mouvoir pour une observation à gauche, que dans celui des observations à droite, ou réciproquement.

La *fig.* 37, *pl.* 3, représente la section de l'alidade PQ du petit miroir de la *fig.* 36, et des parties qui la composent, par un plan perpendiculaire à celui du cercle; et les 3 *fig. a, b* et *c*, qui l'accompagnent, représentent la forme du manche de l'instrument, celle des viseurs, dont la hauteur est T*t*, et celle des rayons coupés par un plan perpendiculaire à leur direction.

Dans la *fig.* 37, M représente la section du grand miroir, derrière lequel il y a deux vis, qui doivent être près des extrémités, pour presser la glace contre les rebords de sa boîte; *n* indique celle du petit miroir et de sa monture, qui est munie de deux vis de pression servant au même

usage que celles du grand (1); *u*, U, T sont
les loges destinées à placer les verres colorés; *v*
est la vis de pression de l'alidade du petit miroir,
et V″ la tête de sa vis de rappel; AA′ représente la
vis au moyen de laquelle on fixe le manche *a* de
l'instrument; les divisions que l'on voit sur les mon-
tans des vis V et V′, qui supportent la lunette PP′,
sont des repères pour placer son axe parallèlement
au plan du cercle et pour l'approcher ou l'éloigner
de l'instrument, sans l'incliner sur sa direction.

4. Lorsqu'un rayon lumineux rencontre un corps
transparent, une partie se réfléchit à sa surface, en
faisant l'angle d'incidence égal à celui de réflexion,
et l'autre pénètre dans l'intérieur en prenant une
direction plus rapprochée de la normale, au point
où il a atteint la surface, si la densité du corps est
plus grande que celle du milieu environnant, qui
est ordinairement l'air; au contraire, sa nouvelle
direction s'écarte de la même normale, lorsque la
densité du corps est moindre que celle du milieu
ambiant.

Lorsque le rayon qui a pénétré (qu'on désigne
par le nom de rayon réfracté, pour le distinguer
de celui qui est réfléchi) arrive à la seconde surface du corps transparent, une partie s'y réfléchit
et rentre dedans, tandis que l'autre s'y réfracte en

---

(1) Il faut peu serrer chaque miroir au moyen de ses
vis de pression, crainte de le courber.

s'éloignant ou s'approchant de la normale, au point où il le quitte, suivant que le corps est plus ou moins dense que le milieu environnant : les mêmes phénomènes se reproduisent toutes les fois que les rayons, qui restent dans le corps, arrivent à sa surface, mais ils sont bientôt tellement affaiblis que leurs parties réfléchies et réfractées ne forment plus d'images sensibles.

5. L'image de l'objet observé par réflexion avec le cercle provient des rayons lumineux qui pénètrent dans chacune des glaces, se réfléchissent à leur surface étamée et se réfractent de nouveau à l'antérieure ; cependant, pour plus de simplicité, nous la supposerons produite par les premiers rayons qui se réfléchissent à la surface non étamée des miroirs (cela serait vrai, s'ils étaient métalliques ou de verre noirci), ce qui est permis, car, dans l'un et l'autre cas, les rayons quittent la surface de chacun d'eux, en faisant avec elle un angle égal à celui sous lequel ils l'ont rencontrée, en supposant toutefois que les surfaces opposées de chacun des miroirs sont parallèles entr'elles, ce qui doit être pour la bonté de l'instrument.

La partie transparente du petit miroir ne sert qu'à diminuer l'intensité des rayons de l'image directe et à lui donner une teinte semblable à celle de la réfléchie (que les glaces affaiblissent par leurs réfractions et leurs réflexions), lorsqu'elles proviennent toutes les deux du même objet, ce qui arrive quand les miroirs sont parallèles, comme on le verra ci-après.

Si les miroirs étaient métalliques ou de verre noirci, on serait obligé de supprimer la partie transparente du petit.

6. On aperçoit quelquefois des lumières blanches dans le champ de la lunette, qui empêchent de bien observer le contact des objets, surtout lorsqu'ils ont une faible intensité de lumière, comme la Lune et tous les corps opaques : pour détruire ces lumières blanches qui proviennent le plus souvent des réflexions sur le petit miroir, de diverses parties de l'instrument qui avoisinent le grand, comme la base de sa monture, ou, dans la mesure des grands angles, son rebord en cuivre perpendiculaire au cercle et le plus près de la lunette, ou encore des parties dont les rayons réfléchis sur les deux glaces arrivent dans le champ de la lunette (1), on desserre les trois vis de derrière le cercle, qui fixent la monture du petit miroir, afin de le tourner à la main, jusqu'à ce qu'elles dispa-

---

(1) C'est pour éviter ces réflexions, d'autant plus nuisibles dans le contact des objets d'une faible intensité de lumière, que les parties qui les produisent sont plus éclairées par le Soleil ou autres corps lumineux, que certaines parties de l'instrument ont des formes qui paraissent insignifiantes, et que l'on ne pourrait changer sans inconvéniens : telles sont les sections trapézoïdes des six rayons, lorsqu'on les coupe par un plan perpendiculaire à leur direction.

raissent totalement ou en partie, ce dont on s'assure en donnant au grand, sans ôter l'œil de la lunette, toutes les positions, par rapport au petit, que le mouvement de son alidade lui permet de prendre (1); puis on le fixe dans celle qui donne constamment ou par intervalles le moins de lumières blanches, que l'on diminue ensuite autant que possible, en noircissant les parties de l'instrument qui les occasionnent, lesquelles se déterminent en promenant un doigt ou autre corps opaque sur l'instrument, afin de trouver l'endroit qu'il faut couvrir pour qu'elles disparaissent : c'est même pour cela que les artistes noircissent ordinairement les parties dont la position est la plus propre à produire des lumières blanches, comme les montures des miroirs, des verres, etc. : au reste, nous supposerons toujours, dans la suite de cette descrip-

----

(1) Pour cette observation, Borda recommande de mettre la ventelle, *fig.* 42, derrière le petit miroir, en l'abaissant de manière que son ouverture *abc* soit au-dessous de la ligne qui sépare la partie étamée de l'autre, pour arrêter les rayons des corps étrangers qui pourraient entrer dans la lunette, et de placer un petit verre coloré entre les deux glaces, pour s'assurer que la petite ne reçoit pas de rayons réfléchis par la grande, sans qu'ils aient traversé le verre. Ce que nous pouvons conseiller de mieux à ce sujet, c'est de répéter l'expérience de toutes les manières, et de fixer le petit miroir dans la position la plus convenable.

tion, l'instrument préparé de manière qu'il ne se produise pas de lumières blanches sensibles dans le champ de la lunette, à l'extrémité de laquelle on est quelquefois obligé de mettre un cilindre à bords recourbés, que contient la boîte du cercle, pour diminuer le diamètre de l'objectif.

Remarque. J'ai appris indirectement que l'on a proposé de placer un verre vert ou peu opaque devant l'objectif de la lunette, pour affaiblir considérablement l'intensité des rayons qui produisent les lumières blanches. Je pense que ce moyen peut produire un résultat avantageux.

7. Pour rendre les miroirs parallèles, on fixera, *fig.* 3, *pl.* 1, l'une des alidades CD par exemple, au moyen de sa vis de pression, visant ensuite par la pinnule P, dans la partie transparente du petit miroir *mn*, à un objet S, assez éloigné pour que les rayons SP, SC, qui en viennent, puissent être regardés comme parallèles; on fera mouvoir l'alidade PQ, en le conservant toujours dans la partie transparente, jusqu'à ce que son image réfléchie, d'abord sur le grand miroir MN, puis sur le petit *mn*, vienne passer par la pinnule P, et paraisse dans la même direction que l'objet vu directement (1);

_____

(1) L'image directe étant vue dans la partie transparente du petit miroir, et la réfléchie sur celle qui est étamée, on est obligé d'observer le contact sur la ligne qui sépare la partie étamée de l'autre : cela est d'ailleurs

et, dans cette position, les surfaces des miroirs seront parallèles.

Démonstration. Par hypothèse, les droites SC, SP sont parallèles et donnent SCL=CLP; élevant par les points C et L les perpendiculaires CR, LR' aux surfaces des miroirs MN, *mn*, l'on obtient SCR=RCL=½ SCL et CLR'=R'LP=½ CLP (car l'angle d'incidence est égal à celui de réflexion), donc RCL=CLR'; ces deux perpendiculaires CR, LR', étant dans un même plan parallèle à celui du cercle, sont donc parallèles entr'elles, puisque elles forment avec la sécante CL des angles alternes internes égaux; d'où il suit que les surfaces des miroirs MN, *mn* le sont aussi.

On arriverait au même résultat en visant à une ligne droite perpendiculaire au plan de l'instrument, comme l'horizon de la mer, par exemple, et faisant mouvoir l'alidade mobile, jusqu'à ce que la ligne droite vue par réflexion sur la partie étamée de la petite glace ne parût plus en former qu'une seule et même continue avec celle que l'on voit directement dans la partie transparente : car on prouvera, dans le second moyen décrit ci-après, pour rectifier le petit miroir, que, dans cette position, les bases des miroirs MN, *mn*, parallèles au plan du cercle, le sont aussi entr'elles ;

nécessaire pour que le plan de l'instrument soit parallèle à la ligne qui joint l'œil et l'objet.

ce qui suffit pour le parallélisme de leurs surfaces, puisqu'on les suppose perpendiculaires à l'instrument.

Pour cette rectification, il faut préférer un objet terrestre à une étoile brillante, dont les deux images paraissent souvent coïncider par l'effet de l'irradiation, sans que les miroirs soient parallèles ; la répéter un nombre pair de fois, en faisant arriver successivement à la coïncidence l'image réfléchie de différens côtés de la directe, soit qu'on vise à un point ou à une ligne droite, et de prendre la moyenne entre les résultats obtenus.

8. Pour mesurer un angle, il faut fixer le zéro du vernier de l'une des alidades CD, *fig.* 3, *pl.* 1, sur un point du limbe, le zéro par exemple ; rendre les deux miroirs parallèles, comme ci-dessus, en faisant mouvoir l'alidade PQ, laquelle étant arrêtée, on desserrera la vis de pression de CD, puis, tenant l'instrument de la main gauche, de manière que son plan passe par les deux objets S et S', on regardera, par la pinnule P, le corps S, le plus à gauche (1), travers la partie transparente du petit

_____

(1) Si l'on se servait d'un sextant pour mesurer le même angle, il faudrait viser à l'objet S', le plus à droite, travers la partie transparente du petit miroir, et faire aller l'alidade CD de D vers Q : cette différence tient à ce que, dans cet instrument, le grand miroir se trouve du côté opposé de la ligne PL.

Le sextant est un instrument construit sur les mêmes

miroir *mn*, et faisant mouvoir, d'abord de la main droite, ensuite au moyen de la vis de rappel, l'alidade CD, jusqu'à ce qu'elle soit dans la position CD', telle que le rayon S'C, après ses réflexions sur les deux glaces, vienne passer par la pinnule P; alors (d'après ce que l'on a démontré ci-dessus, N°. 2) l'angle NCN' ou l'arc DD' parcouru par l'alidade CD, est la moitié de S'CS, que l'on prend pour l'angle cherché S'PS=S'C'S.

Pour ne pas être obligé de doubler l'arc DD' donné par le cercle, les artistes ont soin (comme nous l'avons déjà dit) d'en diviser la circonférence ainsi que l'arc de tout autre instrument construit sur les mêmes principes, en demi-degrés qui équivalent à des degrés.

Il est nécessaire de prévenir le lecteur de ne jamais avoir une grande confiance dans un angle mesuré avec un instrument à réflexion, lorsqu'il excède 120° à 125° de l'ancienne division, qui est encore employée dans tous les usages; car les rayons de l'objet réfléchi rencontrant alors la sur-

---

principes que le cercle de réflexion, mais dont le limbe n'a que 60° ou la sixième partie de la circonférence, et qui, par la propriété de ses miroirs, laquelle est la même que pour ceux du cercle, peut mesurer les angles qui n'excèdent pas 120°; qui est, comme on le dit ci-après, la limite des angles susceptibles d'être déterminés avec exactitude au moyen des miroirs ordinaires des instrumens à réflexion.

face du grand miroir sous un petit angle, la moindre inclinaison de ses surfaces opposées produit souvent une erreur assez considérable dans le résultat. (*Voyez*, dans cette description, l'examen des erreurs occasionnées dans cette circonstance.) Cette limite est à-peu-près celle que permet le mouvement des alidades dans le cercle.

Lorsqu'on veut mesurer un angle simple avec le cercle, il faut déterminer d'avance, par plusieurs observations, le point moyen de sa circonférence auquel correspond, lors du parallélisme des miroirs, le zéro du vernier de PQ, quand celui de CD est sur un point du limbe, qui est ordinairement le zéro ; et même, dans la suite de cette description, nous le supposerons connu et vérifié de temps en temps.

9. En se bornant à la simple mesure d'un angle avec le cercle, on en perd les avantages, dont les principaux consistent à diminuer les erreurs qui proviennent de la division du limbe, de la lecture de l'arc, et à annuler celle que l'on commet en rendant les miroirs parallèles (comme nous le verrons en parlant des observations croisées), et même, dans ce cas, un sextant lui est préférable par la grandeur que l'on peut donner à son rayon, sans le rendre trop pesant ; mais, par la répétition de la mesure d'un même angle, il acquiert une précision que ne comporte pas un autre instrument de plus grandes dimensions.

10. Les instrumens à réflexion peuvent servir à mesurer la hauteur d'un objet céleste ou terrestre (1) (qui est l'arc de son vertical compris entre lui et l'horizon), la distance angulaire de deux astres, de deux points terrestres, et enfin celle de deux corps, l'un terrestre et l'autre céleste, toutes les fois que le point ou les points terrestres sont assez éloignés de l'observateur pour que les angles tels que CS'P, *fig.* 3, soient insensibles.

Dans ces observations, on est souvent obligé de mettre des verres colorés devant les miroirs, pour intercepter une partie des rayons des corps que l'on observe, lorsqu'ils ont trop d'éclat, comme le Soleil ; souvent même on place un verre vert devant le miroir convenable, pour arrêter une partie des rayons de la Lune, quand on veut mesurer sa hauteur ou sa distance à un corps, ce qui rend son bord mieux terminé.

On remarque, en général, qu'un verre vert donne aux rayons qui le traversent une couleur

_____

(1) Lorsqu'en mer on a mesuré la hauteur d'un point, il faut en retrancher l'inclinaison de l'horizon visuel qui correspond à l'élévation de l'œil au-dessus du niveau de la mer, pour obtenir sa hauteur apparente. Cette hauteur ne peut pas être observée directement à terre, où la vue est bornée par différens objets ; mais nous donnerons bientôt la description et l'usage de l'horizon artificiel qui sert à la déterminer dans cette circonstance.

2

agréable et distincte ; c'est pourquoi on met quelquefois deux loges en U et T ,*fig.* 36, *pl.* 3, pour y mettre au besoin un verre vert et un verre coloré d'opacité convenable. Il ne faut pas placer de verres inutilement , à cause des erreurs qu'ils peuvent occasionner.

11. Lorsque l'un des objets observés , ou tous les deux , ont une étendue sensible , on indique le point ou les deux points remarquables de leurs surfaces dont la distance a été mesurée (1).

Quand ce sont deux corps célestes , on choisit leurs bords les plus près ou les plus éloignés (2).

La distance des bords les plus près du Soleil et de la Lune s'observe mieux que celle de l'autre côté du Soleil au même bord de la Lune, qui est le seul éclairé.

On est toujours obligé de prendre la distance d'une étoile au bord éclairé de la Lune.

---

(1) Lorsque ce sont deux objets terrestres, ou seulement un corps terrestre et un astre , on peut, lorsqu'on n'a pas besoin d'une grande exactitude , mettre le tuyau à la place de la lunette , s'il y en a un dans la boîte , pour faire les observations avec plus de célérité. Il faut s'en abstenir pour les distances de la Lune au Soleil ou à une étoile.

(2) On obtient cette distance , en inclinant l'instrument à droite et à gauche pour voir si les bords ne font que se toucher.

Pour la distance d'un point terrestre à un corps céleste de diamètre sensible, on peut mesurer celle du côté de l'astre le plus près, ou mieux celle de chaque bord alternativement.

Quand on veut observer la hauteur d'un objet (qui est ordinairement un astre), on ne connaît pas le point de l'horizon qui en est le plus près, et comme il est impossible de tenir l'instrument dans un plan bien vertical, on est obligé, avant d'établir rigoureusement le contact, de l'incliner à droite et à gauche pour voir si l'image de l'objet ne fait que raser l'horizon ; car, sans cela, on serait exposé à mesurer sa distance à un point de l'horizon, qui ne serait pas le pied du vertical de l'astre.

Le contact du bord inférieur d'un corps de dimensions sensibles avec l'horizon, s'observe mieux que celui du côté supérieur. Il y a exception pour la Lune, dont il faut mesurer la hauteur du bord éclairé.

Après chaque observation, pour avoir la hauteur apparente du centre d'un astre, la distance angulaire d'un point céleste ou terrestre à un corps céleste, ou celle de deux astres (lorsque ce corps ou tous les deux ont des diamètres sensibles, et que l'on a observé le contact de l'un des côtés ou celui des bords des deux astres), il faut corriger la hauteur ou la distance trouvée du demi-diamètre ou des demi-diamètres des objets célestes, lesquels sont donnés dans la connaissance des temps.

Lorsqu'en mer la vue de la côte empêche d'observer la hauteur d'un astre, on peut la déterminer avec le cercle ou le sextant, lorsqu'elle excède 60°, en mesurant l'arc compris entre le corps céleste et le point de l'horizon diamétralement opposé au pied de son vertical, qui est le supplément de la hauteur apparente diminuée de la dépression; pour cela, il faut tourner le dos à l'astre, et faire attention qu'en inclinant l'instrument à droite et à gauche on lui fait décrire, comme dans le cas ordinaire, un arc tangent à l'horizon, mais dont la concavité est tournée en sens contraire.

Pour bien s'assurer que l'on observe par réflexion l'étoile, dont on veut déterminer la hauteur ou la distance angulaire à un corps, il faut incliner l'instrument à droite et à gauche, et examiner si ce sont ses voisines qui passent successivement sur la surface du petit miroir ou dans le champ de la lunette.

On pourrait encore diriger le petit miroir ou la lunette vers l'étoile que l'on veut observer par réflexion, puis, en partant du parallélisme des glaces, faire tourner l'une des alidades, en conservant l'image réfléchie de cet astre sur le petit miroir ou dans le champ de la lunette, jusqu'à ce qu'on y aperçût en même temps l'autre objet.

Lorsque l'observation de la hauteur de la Lune se fait le jour, on l'obtient très exactement quand l'horizon est bien terminé; mais la nuit, quoiqu'on affaiblisse sa lumière par un verre vert, on ne peu l'avoir d'une manière bien précise, car, lors du contact, la ligne horizontale est peu distincte, et même l'apparente diffère souvent de la vraie, soit parce que la vue ne s'étend pas assez loin, ou qu'un nuage empêche de voir la dernière. L'instant qui paraît le plus favorable est celui pour lequel la Lune ayant peu de hauteur, la surface de la mer, qui est dans la direction de son vertical, brille d'une lumière argentine par les reflets de sa lumière, et même encore le vrai horizon peut-être caché par un nuage invisible, ce qui rend toujours ces observations assez douteuses.

Les mêmes inconvéniens ont lieu et à plus forte raison pour les étoiles que l'on ne peut observer dans la partie de l'horizon qui brille de la lumière argentine de la Lune, car cette dernière les fait disparaître par son éclat ; d'où il suit que le moment qui semble le plus propice pour obtenir la hauteur d'une étoile, dont le pied du vertical est hors la partie de la mer qui brille par les reflets des rayons de la Lune, est celui pour lequel cet astre éclaire la voûte des cieux, ce qui fait bien distinguer l'horizon de la mer à la vue et dans la lunette ; cependant cet arc devient très faible et quelquefois insensible, lorsqu'on amène une étoile en contact, car la lumière de l'astre diminue l'impression primitive de la ligne; alors il faut affaiblir l'image de l'étoile par un verre vert et essayer s'il est possible d'établir le contact : au reste, ou ne peut trop recommander aux marins de prendre souvent la hauteur de la Lune et des étoiles, pour en acquérir l'habitude et diminuer par-là les erreurs dont ces observations sont susceptibles.

12. Il résulte de ce qui a été dit, que l'on peut déterminer le parallélisme des glaces, en fixant le zéro de l'alidade CD, *fig*. 3, *pl*. 1, sur celui du limbe, observant les deux points auxquels correspond celui du vernier de PQ, quand l'image réfléchie du Soleil touche la directe de chacun des côtés (1), et leur milieu est l'endroit de la circonférence sur lequel il faut placer le zéro du vernier de l'alidade PQ, pour que les miroirs soient parallèles.

En effet, dans chacun des contacts ci-dessus, on mesure la distance des centres des images directe et réfléchie, mais de différens côtés du parallélisme des miroirs; donc, dans chaque position de la petite glace, elle fait des angles égaux avec celle qu'elle occuperait si elle était parallèle à la grande.

En fixant le zéro du vernier de l'alidade PQ

---

(1) Pour établir ces contacts, on regarde directement le Soleil dans la partie transparente de la petite glace, après avoir rendu les miroirs à-peu-près parallèles et mis les verres colorés convenables devant chacun d'eux, puis on fait mouvoir successivement, de côté et d'autre, l'alidade PQ, jusqu'à ce que le contact des bords des deux images directe et réfléchie ait lieu.

sur une division du limbe, on déterminerait de la même manière le point auquel correspond celui de CD, lors du parallélisme des miroirs.

13. Maintenant que nous avons comparé entre eux les avantages qui ont rapport aux dimensions des divers instrumens à réflexion pour la mesure simple des angles, examiné les différens angles que ces instrumens sont susceptibles de déterminer, et indiqué ce qu'il faut faire quand l'un ou les deux objets que l'on observe ont une étendue sensible, nous allons passer à la répétition de la mesure des angles avec le cercle, c'est-à-dire, aux *observations croisées;* et en même temps nous ferons remarquer la supériorité de ces observations sur celles que l'on fait avec le sextant.

14. On répète la mesure d'un angle, en fixant le zéro du vernier de l'alidade CD, *fig.* 4, *pl.* 1, sur celui du limbe ; puis, tenant l'instrument de la main gauche, on regarde, par la pinnule P, dans la partie transparente du petit miroir, l'objet de droite S', et l'on fait mouvoir le cercle, en conservant l'alidade PQ dirigée vers S', jusqu'à ce que le rayon SC, réfléchi successivement sur les deux miroirs, passe par la pinnule P; arrêtant PQ dans cette position, et dirigeant PL vers S, le cercle se trouve placé, comme la *fig.* 5 le représente ; actuellement, si l'on avance l'alidade CD, d'un arc DD' égal à celui que PQ, *fig.* 4, a parcouru, depuis le point Q'' ou P'', auquel correspon-

dait sur le limbe le zéro du vernier de PQ, lors
du parallélisme des glaces, jusqu'à celui où il se
trouve après le premier contact, les miroirs seront
de nouveau parallèles (1) ; continuant ensuite d'a-
vancer la même alidade CD', jusqu'à ce que S'C,
après ses réflexions sur les glaces, passe par la pinnule P, ce second arc D'D″ parcouru sera égal à
DD', puisqu'il mesure, ainsi que lui, l'angle SPS',
fig. 4 et 5, que l'on veut déterminer ; d'où il suit
que l'arc DD″ est le double de l'angle cherché.

Si de nouveau on dirige PL vers S', ce qui remettra l'instrument dans une position semblable
à la première, *fig.* 4 ; qu'ensuite l'on fasse mouvoir
le cercle, en conservant l'alidade PQ dirigée vers
S', d'abord jusqu'à ce que les glaces soient parallèles, et que l'on continue le même mouvement
jusqu'à ce que l'objet S soit en contact avec l'autre
S' ; il sera facile de prouver, comme ci-dessus, que
l'alidade PQ aura parcouru un arc QQ' ou PP'
double de l'angle SPS' ou égal à l'arc DD″, *fig.* 5.

Dirigeant ensuite PL vers S, l'instrument aura

---

(1) Un des grands avantages du cercle sur le sextant,
c'est qu'il dispense, lorsqu'on observe un nombre pair de
contacts, de déterminer le point du limbe auquel correspond le zéro du vernier de chaque alidade, quand
les miroirs sont parallèles ; or l'erreur que l'on commet dans cette observation, et qui peut être assez grande,
affecte constamment les angles mesurés avec ce dernier
instrument.

une position semblable à la deuxième de ci-dessus, *fig*. 5, et on démontrera de la même manière, en faisant mouvoir l'alidade CD", dans le sens D"P, jusqu'à ce que le contact des objets S' et S ait lieu, que l'arc D"D''' parcouru sera le double de S'PS ou égal à DD"; d'où il suit que l'arc DD''' est le quadruple de l'angle cherché S'PS.

En faisant encore deux observations de la même manière, on aura un arc sextuple de l'angle que l'on veut déterminer ; et ainsi de suite.

15. Cette direction alternative du petit miroir vers chacun des objets S' et S ,*fig*. 4 et 5 , a l'inconvénient d'exiger, après chaque contact, le changement des verres colorés qui sont devant les glaces, toutes les fois que les intensités de lumière des corps S' et S sont différentes ; ce qui arrive quand on observe la hauteur du Soleil, sa distance à un point céleste ou terrestre ; mais on évite cet inconvénient, en répétant la mesure des angles de la manière suivante, qui est en usage pour les observations croisées de la distance angulaire de deux astres, ou d'un objet céleste à un point terrestre.

16. Après avoir obtenu le premier contact, comme ci-dessus, *fig*. 4, on fera décrire à l'instrument une demi-révolution autour de la ligne PS', en le prenant de la main droite, ce qui lui donnera la position ,*fig*. 6, pour laquelle on démontrera, comme sur la *fig*. 5, en avançant l'alidade CD, *fig*.6, d'abord jusqu'au parallélisme des miroirs, et

ensuite jusqu'à ce que le contact des objets direct et réfléchi ait lieu, que les arcs DD', D'D'' seront chacun égaux à l'angle mesuré S'PS : d'où l'on conclura que DD'' en est le double, comme dans la *fig*. 5.

Retournant de nouveau l'instrument autour de PS', en le prenant de la main gauche, on le remettra dans une position semblable à la première, *fig*. 4, pour laquelle on démontrera facilement, en faisant mouvoir le cercle, et conservant PQ dirigé vers S', jusqu'à ce que les objets soient en contact sur la surface du petit miroir ou dans le champ de la lunette, que l'arc QQ' ou PP' parcouru sera le double de l'angle mesuré ou égal à DD'', *fig*. 6.

Remettant l'instrument dans une position semblable à celle de la *fig*. 6, en le prenant de la main droite, on prouvera encore, en avançant l'alidade CD'', jusqu'à ce qu'on obtienne le contact des deux objets, que l'arc parcouru D''D''' sera le double de l'angle mesuré ou égal à DD''; d'où l'on conclura que DD''' est le quadruple de l'angle cherché, comme dans la *fig*. 5.

En faisant encore deux retournemens de la même manière, on obtiendra un arc sextuple de l'angle que l'on veut déterminer : et ainsi de suite.

17. Borda appelle *observation à gauche*, celle que l'on fait, *fig*. 4, quand le rayon SC de l'objet réfléchi arrive du côté gauche, et *observation à droite*, celle qui a lieu, *fig*. 3 et 5, lorsque le

rayon réfléchi S'C vient de droite; mais, dans la
fig. 6, à cause du renversement du cercle, l'observation est *à droite*, quoique SC soit du côté gauche; et comme ce changement pourrait induire en
erreur, j'appelle *observation à gauche*, celle que
l'on fait, *fig.* 4, quand le rayon SC de l'objet réfléchi rencontre le direct PS', avant le grand miroir MN; et *observation à droite*, celle qui a lieu,
fig. 3 et 5, lorsque S'C atteint M'N' ou M"N", sans
couper PS, et encore, *fig.* 6, pour SC par rapport
à PS' : la réunion de deux observations, l'une
à gauche et l'autre *à droite*, *fig.* 4 et 5 ou *fig.* 4 et
6, se nomme *observation croisée*.

18. Les *observations croisées* jouissent de l'a-
vantage de faire compenser les erreurs et d'annuler,
quand on observe un nombre pair de contacts,
celles que l'on commet en rendant les miroirs parallèles; elles diminuent considérablement les erreurs qui proviennent de la lecture et des petites
imperfections qui peuvent se glisser dans la division du limbe de l'instrument; car si l'on commet
une erreur de 1', par exemple, sur l'arc double
DD", *fig.* 5 et 6, elle n'en produit qu'une de ½ minute ou 30" dans l'angle S'PS; la même erreur de
1' sur l'arc quadruple DD''' ne donnerait que ¼ de
minute ou 15" sur S'PS enfin elle n'en occasionnerait qu'une de ⅙ de minute ou 10", si l'on avait
fait trois *observations croisées*; et ainsi de suite.

Une seule *observation croisée* donne donc, par

rapport aux erreurs qui proviennent de la lecture et de la division du limbe, autant d'exactitude qu'un sextant de rayon double; la réunion de deux autant qu'un instrument de rayon quadruple; et ainsi de suite.

Lorsqu'on observe un angle variable, comme la hauteur d'un astre, la distance de deux, ou celle d'un corps céleste à un objet terrestre, il ne faut pas trop multiplier les contacts, pour diminuer les erreurs qui proviennent de la lecture et de la division du limbe; car cet angle ne varie pas toujours uniformément.

19. Dans le cas où, en observant un astre, il disparaît derrière un nuage, après un nombre impair de contacts, et que de plus l'alidade de la grande glace a été dérangée, on tire encore parti des observations, en faisant attention qu'après un contact, l'arc parcouru par l'alidade du petit miroir, depuis le point Q″ ou P″ où il faut la placer pour que les glaces soient parallèles, quand l'autre est sur le point de départ, qui est ordinairement le zéro du limbe, jusqu'à celui où elle se trouve après la première observation, est égal à l'angle SPS′, *fig* 4, que l'on veut déterminer; il est de même facile de voir qu'après le troisième contact, l'arc total Q″Q′ ou P″P′ parcouru par l'alidade PQ, est le triple de l'angle SPS′; et ainsi de suite.

Lorsqu'on est obligé de s'arrêter après un nombre impair de contacts, et que l'alidade CD a été dérangée, il faut lire sur le limbe le point auquel correspond le zéro du vernier de PQ, après le dernier contact, et déterminer, comme précédemment, le point du limbe qui coïncide avec le zéro du vernier de l'alidade du petit miroir, quand les glaces sont parallèles et que le zéro de l'alidade du grand correspond au point de départ du limbe dans la même série, pour avoir l'arc $Q''Q'$, $P''P$ ou $Q''Q'$, $P''P'$ ou etc. On doit déterminer ce dernier point par plusieurs observations, et prendre la moyenne entre les résultats obtenus. Dans ce cas, l'angle que l'on observe est affecté de $\frac{1}{3}$, $\frac{1}{5}$, etc., des erreurs de la lecture de l'arc, de la division du limbe, et de celles que l'on commet en rendant les miroirs parallèles suivant que l'on s'arrête après 3, 5, etc., contacts.

20. En commençant diverses séries, il est bon, pour détruire l'erreur qui provient de la division de la circonférence du cercle, de fixer le zéro du vernier de l'alidade CD sur un point du limbe autre que le zéro; et alors il faut déterminer les arcs DD'', DD''', etc., *fig.* 5 et 6, à partir de ce point : pour cela, on retranche l'arc du limbe qui correspond au point de départ du zéro du vernier de l'alidade CD de celui où il se trouve après les contacts, en observant d'ajouter $720°$ au dernier de ces arcs, si, dans la même série, le zéro de CD a passé sur celui du limbe.

En prenant pour point de départ de la seconde série, celui où se trouve l'alidade CD, après
la première, on est dispensé d'établir la coïncidence du zéro de CD avec une division du limbe, et
les erreurs qui proviennent de la lecture se trouvent
compensées, ainsi que celles des divisions, par la
mesure de l'angle S'PS, *fig.* 4, sur différentes parties de la circonférence.

21. Puisque le double de l'arc Q''Q ou P''P, *fig.* 4,
dont les extrémités correspondent au zéro du vernier de l'alidade du petit miroir (quand celui du
grand est sur le point de départ du limbe), lors du
parallélisme des glaces et après le premier contact,
donne celui que l'alidade CD, *fig.* 5 et 6, parcourt
pour obtenir le second, il est avantageux de le déterminer à quelques minutes près, afin d'amener,
sans tâtonnement, les deux objets sur la surface du
petit miroir ou dans le champ de la lunette, en faisant avancer successivement du même arc double
de Q''Q ou P''P et après chaque contact, l'alidade
qui convient, pour que les deux corps observés paraissent sur la surface du petit miroir ou dans le
champ de la lunette.

Pour plus de facilité, on détermine de la manière suivante, par une opération préparatoire,
les positions successives de chaque alidade.

Exemple. Supposons que le point de départ D,
fig. 4, du zéro du vernier de l'alidade du grand

miroir, soit le zéro du limbe, et que celui de l'alidade du petit corresponde en P" à 171°. 30' (1),
quand les glaces sont parallèles, et en P à 196°. 0',
lors du contact des objets; l'angle à mesurer sera
de 196°...0'—171°...30'=24°...30', dont le double 49° (2) est le nombre de degrés dont il faut
avancer successivement chaque alidade ; laquelle
quantité donne le moyen de former les deux ta-
bleaux qui suivent :

POSITIONS SUCCESSIVES	POSITIONS SUCCESSIVES
DE L'ALIDADE	DE L'ALIDADE
DU GRAND MIROIR	DU PETIT MIROIR.
$0°$	
49	196°
98	245
147	294
196	343
245	392
etc.	etc.

22. Pour éviter de construire la table ci-dessus,
la plupart des cercles de réflexion sont munis d'un
arc subsidiaire EGHF, *fig*. 3, 4, 5 et 6, adapté à l'a-

(1) Borda a placé le vernier, ainsi que les vis de rappel
et de pression de l'alidade PQ à l'extrémité Q, mais on
les met ordinairement en P.

(2) On ferait mieux de déterminer, par une *observation croisée*, le double 49° de l'angle à mesurer.

lidade PQ, divisé à partir des points K et K' où se trouvent les côtés de l'alidade CD, quand les deux miroirs sont parallèles; d'où il résulte qu'après avoir obtenu un contact, *fig.* 4, si l'on avance l'alidade CD, *fig.* 5 et 6, vers P, en faisant dépasser au côté C*d* le zéro K d'un arc KG=K'H, elle sera placée convenablement pour que les images directe et réfléchie des objets que l'on observe, paraissent sur la surface du petit miroir ou dans le champ de la lunette, car l'angle des plans des miroirs *mn*, M"N" est égal à celui qu'ils faisaient dans la position *mn*, MN. Avant d'observer le troisième contact, on fera mouvoir l'alidade PQ, jusqu'à ce que le point H, *fig.* 4, soit auprès du côté C*d'* de l'alidade du grand miroir, comme il l'était après la première observation : et ainsi de suite pour les contacts suivans.

Pour ne pas être obligé de lire, après les contacts, le nombre de degrés auquel chaque côté de l'alidade CD, *fig.* 4, 5 et 6, doit correspondre sur l'arc EGHF, ce dernier porte deux anneaux, G*g* et H*h*, appelés *curseurs*, qui peuvent le parcourir et se fixer à un point quelconque, au moyen d'une vis de pression : si donc, après la première observation, *fig.* 4, on fixe le curseur H*h* à côté de l'alidade CD, et que l'on place l'autre G*g* sur le même nombre de degrés que H*h*, mais du côté opposé au point K, les alidades seront disposées convenablement pour observer, lorsqu'après chaque contact, on aura fait mouvoir l'alidade qui convient de manière que celle du grand miroir ait passé d'une extrémité à l'autre de l'arc GH, *fig.* 5 et 6.

Il est bon de placer G*g* et H*h* par une observation préparatoire.

S'il arrivait que, lors du parallélisme des glaces, les zéros K et K' de l'arc EGHF, *fig.* 3, ne coïncidassent pas avec les côtés C*d*, C*d'* de l'alidade CD, il faudrait mettre chacun des curseurs G*g* et H*h* à la même distance du bord C*d*, C*d'* de CD qui lui correspond, et non sur le même nombre de degrés ; à moins qu'on n'aimât mieux rétablir cette condition, en plaçant l'alidade CD entre les zéros K et K', dévissant les vis de derrière le cercle qui fixent la monture du petit miroir pour le faire tourner à la main jusqu'à ce qu'il fût parallèle au grand, ce dont on s'assurera par l'un des moyens donnés ci-dessus.

Ce dernier moyen ne doit être employé qu'avec beaucoup de circonspection, à cause des inconvéniens qu'il peut occasionner, comme la production des lumières blanches, et dans les seuls cas pour lesquels les zéros K et K' sont peu éloignés des côtés C*d*, C*d'* de CD.

Exemple. Si le côté C*d* de CD, *fig.* 3, correspondait à 1°...30', lors du parallélisme des glaces, et que le bord C*d'* de CD, *fig.* 4, coïncidât avec 23°...0', il faudrait fixer le curseur H*h* sur ce point et l'autre G*g* sur 23°...0' + 2 fois 1°...30' = 26°...0' ;

3

car cette division est éloignée de $26°...0'—1°...30'$
$=24°...30'$ de celle où était Cd, *fig.* 3, lors du parallélisme des miroirs, lequel arc est égal à celui
$23°...0'+1°...30'=24°...30'$, dont, après le premier
contact, le côté Cd' de CD, *fig.* 4, était distant de
l'endroit $1°...30'$ de K$'$ vers K, où se trouvait le
même bord Cd' de CD, *fig.* 3, lors du parallélisme des miroirs.

Remarque. Il arrive souvent que les zéros de
l'*arc subsidiaire*, au lieu d'être aux points K et K$'$,
fig. 3, où se trouvent les côtés de l'alidade CD,
lors du parallélisme des miroirs, correspondent à
ceux qui sont aux extrémités g et h des curseurs
Gg, Hh, lorsqu'ils touchent CD et que les glaces
sont parallèles ; mais, dans ce cas, leur usage et la
manière de les placer ne changent pas, comme il
est facile de s'en assurer.

Enfin la division de l'*arc subsidiaire* devient inutile, lorsqu'on place les curseurs Gg, Hh par deux
observations préparatoires, l'une *à gauche* et l'autre
à droite.

23. Lorsqu'on veut mesurer la distance de deux
astres, il est avantageux de la chercher, à moins
d'un degré près, dans la connaissance des temps,
de placer convenablement les alidades pour voir les
deux corps célestes sur la surface du petit miroir ou dans le champ de la lunette, afin de ne pas
être obligé de diriger PL, *fig.* 3, sur l'objet de
gauche S (après avoir mis le zéro de l'alidade CD
sur le point de départ du limbe, rendu, à quel-

ques degrés près, les glaces parallèles), puis d'avancer l'alidade PQ jusqu'à ce qu'en conservant sur la
surface du petit miroir ou dans le champ de la lunette l'image réfléchie du même objet et tenant
l'instrument dans le plan des deux, celle de l'autre
S', *fig.* 4, s'y aperçoive en même temps directement ; ce qui fatigue et demande une grande habitude d'observer.

Remarque. En tournant l'alidade PQ, pour faire
cette observation qui est *à gauche*, le corps S peut
disparaître dans la lunette, si l'un des petits verres
est placé en U ou T, *fig.* 36, *pl.* 3 ; car le premier,
ou sa monture, arrête les rayons de l'objet réfléchi
depuis 5°...20′ jusqu'à 34°, et le second depuis 6°
jusqu'à 13°. Ce même inconvénient n'a pas lieu
dans une *observation à droite.*

On obtient de même une première mesure de la
distance angulaire de deux objets, en dirigeant
PL vers S'; mais il faut tourner PQ en sens contraire des divisions du limbe. On évite cet inconvénient, en mettant l'instrument dans la position
renversée, *fig.* 6, *pl.* 1.

Si l'on veut avoir la même mesure en fixant PQ,
il faut diriger PL vers S, *fig.* 3, et tourner CD
dans le sens des divisions du limbe, jusqu'à ce que
l'objet de droite S', réfléchi successivement sur les
deux miroirs, coïncide avec le direct S : en dirigeant
PL vers S', *fig.* 4, on est obligé de mouvoir CD
en sens contraire des divisions de la circonférence,

3.

à moins que l'on ne mette l'instrument dans la position renversée, *fig.* 6.

24. Quand on observe un angle variable, comme
la hauteur d'un astre (1), la distance de la
Lune au Soleil ou à une étoile, ou encore lorsqu'on change sensiblement de position par rapport
aux deux objets, ou à un seul, comme quand en
mer on veut déterminer la distance angulaire
d'un point terrestre, fixe ou mobile, à un autre ou
à un astre, il faut se borner à 4, 6 ou 8 contacts, ne pas mettre plus d'une minute d'intervalle
entre chacun, avoir une montre bien réglée pour
indiquer l'heure des observations, supposer (ce
qui est permis) la variation de l'angle proportion-
nelle au temps, et prendre, pour l'heure à laquelle
l'angle mesuré avec le cercle a eu lieu, la moyenne
entre les instans donnés par la montre.

Lorsqu'on observe un angle, surtout quand il
augmente pendant la durée des observations, il faut
très peu serrer les vis de pression des curseurs de
l'arc subsidiaire, crainte que dans la suite des observations, ils ne s'opposent au mouvement des
vis de rappel des alidades; ce qui pourrait les forcer et rendre l'angle mesuré défectueux.

Ce que nous venons de dire, suppose que l'angle
augmente ou diminue constamment pendant la durée des observations, ce qui n'a pas lieu pour la
hauteur méridienne, au sujet de laquelle M. De-

---

(1) Excepté la hauteur méridienne, à l'égard de laquelle
il faut faire la correction suivante :

lambre a calculé la table I, qui se trouve dans la connaissance des temps de l'an XII, et dont on se sert de la manière suivante :

Il faut connaître, au moyen d'une bonne montre réglée d'avance, l'heure vraie de chaque observation, prendre dans la table le nombre de secondes qui correspond à la différence entre l'heure de chaque hauteur observée de l'astre et celle de son passage au méridien, diviser la somme de ces quantités par leur nombre et multiplier le quotient obtenu par

$$\frac{\text{Cos L Cos D}}{\text{Sin (L + D)}}$$

(L représente la latitude estimée, D la déclinaison de l'astre, selon que la latitude et la déclinaison sont de même ou de différente dénomination ; et le résultat sera le nombre de secondes dont il faudra augmenter ou diminuer la hauteur moyenne, déduite des observations, pour avoir la hauteur méridienne, suivant que l'astre aura été observé lors de son passage au méridien supérieur ou inférieur.

Si l'astre a une grande hauteur, il faut l'observer peu de temps avant et après l'heure de son passage au méridien.

EXEMPLE :

Supposons qu'à une latitude estimée de 48°...51' boréale, on ait observé 22 hauteurs d'un astre, dont la déclinaison était de 33°...24' australe, aux angles horaires qui suivent :

	ANGLES horaires en temps.	ARGUMENT. TABLE I.
1re. observation.	15'...57''	499,''2
	14...23	406, 1
	12...59	330, 9
	11...32	261, 1
5e. id.	10... 1	197, 0
	8...34	144, 1
	7... 8	99, 9
	6...10	74, 7
	5...15	54, 1
10e. id.	3...52	29, 4
	2...23	11, 1
	2... 4	8, 4
	3...40	26, 4
	5... 1	49, 4
15e. id.	6...39	86, 8
	7...58	124, 6
	9...27	175, 3
	11... 3	239, 7
	12... 7	288, 2
20e. id.	13... 1	332, 6
	14...27	409, 9
	15...34	475, 6

Avant le passage au méridien

Après le passage au méridien

Somme. 4324, 5

Il faudra donc ajouter 1'...48'',985 à la hauteur moyenne donnée par les 22 observations faites aux angles horaires indiqués ci-dessus, pour avoir la hauteur méridienne cherchée.

Log.	4324,5	=3,63594
Comp. Arith. log.	22	=8,65758
log. cos.	48°. 51'	=9,81825
log. cos.	33... 24	=9,92161
Comp. Arith. log. sin.	82..15	=6,00399
log.	108'',985	=2,03737
ou	1'...48'',985	

25. On peut commencer les observations croisées en mettant le zéro du vernier de l'alidade PQ, *fig.* 4, sur un point du limbe, le zéro par exemple, viser ensuite à l'objet de droite S', faire mouvoir l'alidade CD, à partir du parallélisme des miroirs, en sens contraire des divisions de l'instrument, jusqu'à ce que le contact des deux objets ait lieu; diriger, comme ci-devant, PL vers S, *fig.* 5, ou vers S', *fig.* 6, après avoir renversé le cercle, que l'on tournera de manière que PQ aille en sens contraire des divisions, jusqu'à ce qu'on obtienne le contact, diriger de nouveau PL sur S', *fig.* 4 (après que le cercle aura fait une demi-révolution autour de PS', si l'observation précédente a eu lieu comme la *fig.* 6 le représente), mouvoir CD, en sens contraire des divisions, jusqu'au contact des objets, et continuer de la même manière que quand on fixe le zéro de l'alidade CD sur le point de départ du limbe. Il est facile de prouver, en répétant le raisonnement fait ci-dessus au sujet des observations croisées, que le zéro du vernier de l'alidade CD a parcouru un arc égal à l'angle S'PS, *fig.* 4, depuis

le point où il faut le placer pour que les miroirs soient parallèles, jusqu'à celui auquel il correspond après la première observation; on reconnaîtra de même, qu'après le second contact, le zéro du vernier de PQ a parcouru un arc double de S'PS; qu'après le troisième, celui de CD a parcouru en totalité un arc triple de S'PS; et ainsi de suite.

Cette manière d'obtenir des observations croisées serait utile, s'il était arrivé quelque accident au vernier qui est à l'extrémité de CD, mais elle n'est pas en usage, car on est ordinairement accoutumé à lire sur le vernier de l'alidade CD; de plus, les alidades se mouvant, dans cette circonstance, en sens contraire des divisions du limbe, il faut retrancher l'arc lu sur PQ de 720°, quand le point de départ est le zéro de la circonférence du cercle; et, dans les autres cas, de celui qui correspondait au point de départ du zéro du vernier de PQ, en lui ajoutant 720° si le zéro de PQ a passé sur celui du limbe. On éviterait cette marche rétrograde des alidades, en dirigeant, pour la première observation, PL, *fig.* 4, sur l'objet de gauche S, comme on l'a fait dans la *fig.* 3, ou bien en mettant le cercle dans la position renversée, *fig.* 6, et visant à l'objet S', pour obtenir le premier contact.

26. Dans les observations croisées que l'on fait pour déterminer la hauteur d'un astre de diamètre sensible, sa distance angulaire à un point terrestre

ou céleste, ou à un corps céleste d'étendue appréciable, on peut mesurer alternativement les hauteurs des bords inférieur et supérieur, les distances de chacun des bords le plus près et le plus éloigné du point terrestre ou céleste, ou enfin celles des côtés les plus près et les plus éloignés (cette alternative est souvent impossible pour la Lune, qui n'a ordinairement qu'un côté d'éclairé), ce qui donne la hauteur du centre, sa distance au point terrestre ou céleste, ou enfin celle des centres des corps célestes ; mais cette méthode n'est pas usitée (1), car elle exige trop d'attention pour ne pas se tromper dans l'alternative des bords et pour faire mouvoir les alidades de différens nombres de degrés. En adoptant cette alternative, il faut toujours observer un nombre pair de contacts.

On dirige la lunette vers l'objet le moins lumineux, lorsqu'on observe la distance de deux corps, comme celle de la Lune au Soleil ou à une étoile ; ce qui oblige de renverser l'instrument, pour obtenir le premier contact, quand l'objet réfléchi se trouve à droite de l'autre, et que l'on veut croiser les observations de manière que le double, le quadruple, etc., de la distance soit donné par le mouvement de l'alidade du grand miroir dans le sens des divisions du limbe.

---

(1) Excepté peut-être dans les observations d'Azimut et celles des hauteurs avec l'horizon artificiel, dont nous parlerons ci-après.

Lorsque trois observateurs veulent mesurer, l'un, la distance de la Lune au Soleil ou à une étoile, et les deux autres les hauteurs de ces astres, pour en conclure leur longitude, le plus exercé observe la distance et les autres les hauteurs des deux astres (en y apportant toute leur attention), qu'ils doivent tenir à-peu-près en contact avec l'horizon, afin de l'obtenir exactement par un petit mouvement de la vis de rappel, lorsque l'autre les en avertit; ensuite chaque observateur croise, comme à l'ordinaire, la mesure de l'angle qu'il est chargé de déterminer.

Quand un seul observateur veut mesurer les trois angles ci-dessus, il observe d'abord la hauteur du Soleil ou de l'étoile, puis celle de la Lune, ensuite leur distance, et enfin la hauteur de la Lune et celle du Soleil ou de l'étoile, en notant l'heure de tous les contacts; ensuite il calcule la hauteur de chaque astre, qui correspond à l'heure de la distance observée, en supposant le changement de hauteur proportionnel au temps.

Au lieu de se borner à un seul contact pour la mesure de chaque angle, il faut observer un nombre de distances au moins double de celui des hauteurs de chaque astre, et prendre les moyennes entre les divers résultats obtenus, pour les angles qui correspondent aux heures moyennes des observations de chacun d'eux.

27. En donnant le moyen de mesurer la hau-

teur d'un objet au-dessus de l'horizon , nous avons
supposé que la vue n'était arrêtée par aucun corps
terrestre , comme cela arrive en pleine mer hors
la vue des côtes ; mais à terre , elle est bornée par
des élévations de toute espèce, et l'on ne connaît
pas ordinairement l'inclinaison de l'horizon visuel
qui correspond au vertical de l'objet dont on
veut déterminer la hauteur ; c'est pourquoi nous
allons indiquer l'usage de l'horizon artificiel qui
sert dans cette circonstance , pour terminer l'examen des différens cas que l'on rencontre dans la
mesure des angles , lorsqu'on tient à la main les
instrumens à réflexion.

28. L'horizon artificiel est composé d'une surface circulaire, plane et polie, de verre noirci,
fig. 7, *pl.* 1, dont le diamètre est de 12 centimètres (4 ½ pouces) environ, supportée
par trois vis A, B, I, qui servent à la mettre
horizontalement, au moyen du niveau à bulle
d'air, *fig.* 8, dont la base EF est horizontale,
quand la bulle GH s'arrête au milieu de la surface
courbe IK. Pour cela , on place le niveau sur l'horizon, dans deux directions à-peu-près perpendiculaires entre elles (1) , on tourne l'une ou plu-

_____

(1) On les choisit ordinairement de manière que l'une
soit parallèle et l'autre perpendiculaire à la ligne horizontale qui passe par deux des vis : il est bon de placer cette
dernière droite dans la direction du vertical de l'objet.

Il y a des personnes qui préfèrent établir l'horizonta-

sieurs des vis A, B, I, jusqu'à ce que, dans ces deux positions, la bulle reste stationnaire au milieu du tube (on le reconnaît par la coïncidence des extrémités de GH avec les divisions tracées sur IK à des distances égales du milieu) ; alors le plan de l'horizon artificiel est horizontal, car il passe par deux droites qui le sont.

Remarque. Au lieu de faire le niveau EF de manière que la partie inférieure soit plane, on en a proposé, et je crois même exécuté, qui avaient trois pieds arrondis, analogues à ceux de la *fig.* 9, et au moyen desquels on le place sur l'horizon artificiel.

29. L'instrument représenté *fig.* 9, *pl.* 1, est très commode pour déterminer, avec une grande exactitude, la valeur des divisions d'un niveau.

MN est une règle en cuivre d'environ 33 centimètres (un pied) de long, 3 centimètres (un pouce) de large, et d'une épaisseur suffisante pour qu'elle se tienne droite ; elle est soutenue par trois supports A, B, C, arrondis à leur pied, dont le dernier C est une vis à petit pas, portant une tête V d'environ 3 centimètres (un pouce) de rayon, divisée en parties égales, indiquant cha-

---

lité, en mettant successivement le niveau dans les trois directions perpendiculaires à chacune des droites horizontales qui passent par deux des vis, et en faisant mouvoir celle qui se trouve sur la même ligne que le niveau.

cune, par des chiffres, l'angle qu'elle fait parcourir à MN autour de la droite qui passe par les pieds des supports A et B (1); l'arrête D du prisme triangulaire est perpendiculaire sur MN, et sert à déterminer le mouvement de la tête V de la vis; en chacun des points K et L, pris sur MN, on a fixé deux plans inclinés K*k*, K*k'*, L*l*, L*l'*, pour y placer le niveau EF.

---

(1) Pour déterminer l'angle que chaque tour de la vis V fait décrire à MN autour de la ligne qui joint les pieds des supports A et B, ou pour vérifier si l'instrument est exact, on commence par prendre, avec un bon compas, la longueur de 10 à 20 pas de la vis C; d'où l'on conclut, en la divisant par ce nombre, la valeur d'un seul; ensuite on mesure la distance du point où l'axe de la vis C rencontre le milieu de la règle MN (quand elle est à-peu-près horizontale), à la droite AB qui joint les pieds des supports A et B, laquelle est le rayon C1 de l'arc que ce point C de MN décrit; et en observant que la longueur de chaque pas de la vis peut être considérée comme le sinus ou la tangente de l'angle qu'il fait parcourir à MN autour de la droite AB, on peut calculer cet angle par l'une des deux proportions suivantes; la longueur du rayon C I : celle du pas de la vis C : : le rayon des tables : { sinus de l'angle que chaque pas de la vis C fait { tangente, *id.* . . . .
Décrire à MN autour de AB }
id. . . . . AB }
Pour plus de précision, on peut calculer l'angle que donne chacune de ces proportions et prendre la moyenne entre les résultats obtenus.

En posant cet instrument sur une surface à-peu-près horizontale, une table par exemple, il est facile de concevoir le moyen qu'il faut employer pour obtenir la valeur de chaque division d'un niveau ; cependant nous allons entrer dans quelques détails sur ce sujet.

Après avoir mis le niveau EF, comme on le voit *fig.* 9, si l'une des extrémités H de la bulle d'air ne se trouve pas hors les divisions, on l'en fait sortir au moyen de la vis C ; ensuite il faut tourner la même vis jusqu'à ce que l'une des divisions de sa tête V corresponde à l'arrête D, et que l'extrémité H s'arrête le plus près possible du point 3o qui est de son côté, noter les divisions où se trouvent les extrémités G et H, continuer le même mouvement de la vis, jusqu'à la coïncidence d'une autre division de la tête V avec l'arrête D, noter les divisions qui correspondent aux points G et H de la bulle, et ainsi de suite, jusqu'à ce que l'extrémité G quitte les divisions du niveau, et l'angle décrit par la règle, dans chaque opération, d'après le mouvement de la tête V, divisé par la moyenne entre le nombre de parties, dont chaque extrémité G et H s'est déplacée, laquelle n'est autre chose que le mouvement du centre de gravité ou du milieu de la bulle GH, donnera la valeur des diverses divisions du niveau, qui s'accorderont entre elles lorsqu'il sera bien exécuté.

On déterminerait de même la valeur des divi-

sions d'un niveau, au moyen d'un plan quelconque dont on connaîtrait le mouvement angulaire
autour d'une ligne horizontale.

Cette opération est assez délicate pour être ré-
pétée cinq à six fois, afin d'avoir la moyenne entre les résultats obtenus.

3o. Malgré toutes les précautions que l'on prend
pour empêcher le dérangement de l'horizon artificiel dans le cours de plusieurs séries d'observations, il est bon de laisser le niveau (surtout s'il
est divisé) sur l'horizon, en le mettant dans la direction du plan vertical de l'objet dont on veut
déterminer la hauteur, afin de la corriger de l'inclinaison de l'horizon donnée par le niveau, et
s'assurer en même temps que son plan n'a pas varié
sensiblement pendant une même série.

Il faut, autant que possible, éviter ces corrections (qui ne peuvent se faire que quand le
niveau est divisé), en remettant horizontalement la
surface de l'horizon toutes les fois qu'elle se dérange.

Lorsque le niveau dont on se sert est divisé,
comme le représente la *fig.* 8, il est nécessaire de
connaître la valeur de chaque division, qui est ordinairement de 3″ à 6″ sexagésimales, dans ceux
qui sont exécutés avec soin, mais il faut toujours
la déterminer par le moyen donné ci-dessus ou
autrement.

Il faut observer que la différence des divisions

du niveau, qui sont à droite et à gauche du zéro,
auxquelles correspondent les extrémités G et H de
la bulle GH, donne le double de la distance de son
milieu au zéro, ou, ce qui revient au même, le
double de l'inclinaison de l'horizon, dans le sens
du niveau.

Lorsqu'on a noté les divisions du niveau auxquelles correspondent les extrémités de la bulle,
on peut (pour détruire le défaut d'horizontalité
de la base EF, quand le zéro coïncide avec le milieu
de la bulle) le retourner, en mettant chacune de
ses extrémités à la place de l'autre, ce qui donnera,
en général, une inclinaison peu différente de la
première (car autrement le niveau ne devrait pas
être employé), et se servir de la moyenne entre les
deux résultats obtenus.

L'inclinaison de l'horizon s'ajoute à la hauteur
quand son plan s'élève en s'approchant du point
observé, ou, en d'autres termes, quand le milieu
de la bulle est du même côté que ce point par rapport au zéro du niveau : elle se retranche dans le
cas contraire.

Dans tout ce qui précède, nous avons supposé
que le centre U, *fig.* 8, de la bulle GH, coïncide
avec le zéro quand EF est horizontal, ce qui peut
ne pas avoir rigoureusement lieu ; c'est pourquoi
nous allons donner le moyen de reconnaître si un
niveau satisfait à cette condition, et en même temps
celui de déterminer le point auquel correspond le

centre U de la bulle GH, quand EF est horizontal.

Pour cela, on pose le niveau EF, *fig.* 8, sur
l'horizon artificiel ABI, *fig.* 7, dans la direction
perpendiculaire à AB, puis faisant mouvoir la vis I
jusqu'à ce que les extrémités G et H de la bulle
s'arrêtent à des distances égales du zéro, changeant
de place les extrémités du niveau, en mettant E où
était F, et réciproquement; les extrémités G et H
s'arrêteront encore aux mêmes divisions que ci-
dessus, c'est-à-dire, à des distances égales du zéro,
si ce dernier correspond au centre U de GH quand
EF est horizontal; dans le cas contraire le milieu de
la distance du zéro au point U (laquelle est donnée
par la moitié de la différence des divisions où les
extrémités G et H s'arrêtent), sera le point où il faut
que U se trouve, pour que EF soit horizontal (1).
Il faudra donc faire coïncider le centre U de GH
avec ce point et non avec le zéro, pour que EF soit
horizontal, et déterminer, à chaque observation,
la distance de U à ce même point pour en conclure
l'inclinaison de EF, et par conséquent celle de
l'horizon artificiel, dans le sens du niveau.

Il est nécessaire de répéter cette opération plusieurs fois et de prendre sur IK le point moyen

---

(1) Nous supposons toutefois que G et H ne sortent
pas des divisions du niveau.

auquel doit correspondre U dans chacune, pour le zéro de la division.

Les niveaux dont le centre U de la bulle s'écarte sensiblement du zéro, lorsque EF est horizontal, ne doivent être employés que quand on n'en a pas d'autres à sa disposition.

On pourrait vérifier un niveau à bulle d'air de la même manière, au moyen de tout plan que l'on ferait mouvoir avec une vis autour d'une droite horizontale.

Remarque. Il y a des niveaux divisés, comme la *fig.* 8 *bis* le représente, mais cela ne change pas la théorie que nous avons donnée. Il faut observer que le mouvement du milieu de la bulle GH est donné par la moyenne entre les déplacemens des extrémités G et H de la bulle GH.

31. On prend quelquefois un vase rempli d'un liquide, qui peut être de l'huile, du goudron, du mercure (1), etc., pour servir d'horizon artificiel; mais on ne peut en faire usage que dans un temps calme, à cause des ondulations que le vent fait éprouver à sa surface. Pour empêcher ces ondulations, on recouvre le liquide d'un verre ou d'un

---

(1) Lorsqu'on se sert de mercure surtout, il faut donner à la surface du liquide au moins 12 à 15 centimètres ($4\frac{1}{2}$ pouces à $5\frac{1}{2}$ pouces) d'étendue dans tous les sens, et faire l'observation vers le milieu, à cause de la courbure des bords qui est sensible même à la vue.

corps transparent, mais il faut que ses deux surfaces opposées soient bien parallèles (nous donnerons des moyens de s'en assurer) ; car, sans cela, il produirait une double cause d'erreur dans les observations, puisque les rayons lumineux le traversent deux fois, la première avant leur réflexion sur le liquide, et la seconde après.

Il faut laisser un espace entre le verre et le liquide, pour que la surface de ce dernier se mette horizontalement.

Au lieu de recouvrir le liquide d'un seul verre à surfaces planes et parallèles, on en adosse deux, en forme de toit, qui peuvent prendre diverses inclinaisons entre eux, et que l'on met sur le vase, en les plaçant (par une observation préparatoire) à-peu-près perpendiculairement à la direction des rayons lumineux qui les traversent, pour donner la plus grande intensité possible à l'image réfléchie sur le liquide (par la propriété des corps transparens, de réfracter d'autant plus de rayons que ces derniers rencontrent leurs surfaces sous un plus grand angle), et pour diminuer l'erreur qui provient de l'inexactitude du parallélisme de leurs surfaces (par la propriété des corps transparens prismatiques, de dévier d'autant moins les rayons qui les traversent que ces derniers les rencontrent sous un plus grand angle).

Borda a proposé de faire un horizon artificiel, en versant du mercure entre les deux fonds d'une espèce de tabatière, par un conduit dont l'ouverture se trouve au haut du bord, lequel passe ensuite, lorsqu'il y en a suffisamment, par un petit trou pratiqué au fond supérieur, et sert à poser sur sa surface un verre noirci ou un corps opaque, pour rendre horizontales deux de ses surfaces planes, polies et parallèles.

Remarque. Ces diverses espèces d'horizons artificiels ne servent, en général, que quand on n'en a pas à niveau : cependant, on m'a assuré que les Anglais et les Allemands font usage d'horizons artificiels liquides.

32. Lorsqu'on veut se servir de l'horizon artificiel, *fig.* 7, pour mesurer la hauteur d'un objet S au-dessus de l'horizon, il faut, après l'avoir placé horizontalement sur un endroit fixe et solide, tenir l'instrument dans le vertical de S, diriger la ligne PL vers la surface ABI, de manière qu'elle coïncide avec la direction des rayons OL de S réfléchis sur ABI; faire mouvoir l'une des alidades (comme pour toute autre observation), à partir du parallélisme des glaces, jusqu'à ce que l'image du même objet, par ses réflexions sur les miroirs, en suivant la route SCLP, paraisse, en même temps que la première, sur la surface du petit miroir ou dans le champ de la lunette, et établir le contact : par cette observation, on détermine l'angle $SC'O = SOS'' - C'SO$ (puisque SOS'' est extérieur au triangle $C'OS$, dans lequel C' et S sont les

4..

intérieurs opposés) ; donc $SC'O = SOS''$, en supposant le point S assez éloigné pour négliger l'angle CSO sous lequel on verrait de ce point S la distance de O au centre C de l'instrument avec lequel
on observe. En menant la normale OR à la surface
ABI, et la droite OS', qui est l'intersection du
plan de l'horizon artificiel avec le vertical de S, on
a $SOR = ROC' = R'OS''$, d'où l'on conclut que
les complémens SOS', $S'OS''$ des angles SOR,
$R'OS''$ sont égaux; et, par conséquent, que l'angle
$SC'O = SOS''$, observé avec le cercle, est le double
de SOS', formé par la ligne OS avec le plan ABI
de l'horizon artificiel, qui est celui que l'on voulait
déterminer, en supposant toutefois que ABI
n'est pas incliné sur l'horizon vrai; car il faudrait corriger SOS'' du double de cette quantité,
prise dans la direction du vertical de l'astre,
laquelle serait donnée par le niveau. On croisera
ensuite, comme à l'ordinaire, le double de la
hauteur, en faisant décrire une demi-révolution
à l'instrument autour de la ligne PO.

Pour reconnaître facilement (surtout quand on
observe successivement le double des hauteurs de
chacun des bords du Soleil, afin d'obtenir le double
de celle du centre) l'image directe, vue par sa réflexion sur l'horizon artificiel, de celle qui est réfléchie sur les miroirs (cette dernière se distingue
d'ailleurs par son changement de position sur la
petite glace ou dans le champ de la lunette, lors-

qu'on incline l'instrument à droite ou à gauche autour de la ligne PL, *fig.* 7), on met devant les glaces
des verres colorés qui donnent des teintes un peu
différentes aux deux images observées.

Remarque. Puisque l'emploi de l'horizon artificiel oblige d'observer un angle double de la hauteur de l'objet au-dessus de l'horizon, et que les
mouvemens respectifs des alidades du cercle n'excèdent pas 120° à 125° (qui est d'ailleurs la limite que
l'on doit se prescrire, lorsqu'on ne veut pas s'expo-
ser aux grandes erreurs que peut produire l'inclinaison des surfaces de la grande glace), il s'ensuit
que ce moyen n'est pas applicable à la mesure des
angles qui surpassent soixante quelques degrés :
mais lorsque l'instrument a un pied (1), il peut
toujours servir pour prendre hauteur *par devant*
et même *par derrière* (2), lorsque le supplément de
l'élévation de l'astre est moindre que 120° ou 125°.

33. Après avoir donné les divers moyens de
mesurer les angles avec le cercle de réflexion de
Borda, en le tenant à la main, nous allons indiquer ceux que l'on peut employer à terre, pour parvenir au même résultat, lorsque cet instrument est
muni d'un pied, *fig.* 43 et 44, *pl.* 3 : pour cela, nous
commencerons par décrire le pied, *fig.* 43.

(1) Dont suit la description et l'usage.
(2) *Voyez*, ci-après, n°. 80, ce que l'on appelle hauteur *par devant* et hauteur *par derrière.*

La colonne AB' est soutenue par les trois branches Av', Av'', Av''', munies des vis v', v'', v''' destinées à placer exactement le cercle dans un plan lorsqu'il en est peu éloigné.

EF est un axe horizontal ou à-peu-près, tournant dans les supports E et F, et qui est soutenu sur AB', par les branches EC, FD, CD, B'B, de manière que l'on peut faire mouvoir la partie entière ECB'DF autour d'un axe vertical que renferme AB'. On arrête ce mouvement au moyen de la vis V''''.

GH est une branche perpendiculaire sur EF, à l'extrémité H de laquelle se trouve le plateau PQ, que l'on peut mouvoir à la main autour d'un axe que contient GH, ou au moyen de la vis V, lorsqu'on l'a arrêté par la vis de pression v; le même plan PQ porte un écrou H' destiné à recevoir l'arbre de la vis du cercle.

Les extrémités des vis V', V'' sont destinées à arrêter le mouvement de GH autour de EF; elles doivent être tellement disposées qu'elles lui laissent décrire une demi-révolution, afin que le cercle se trouve dans des plans verticaux (ce dont on s'assure par le fil-à-plomb) lorsque V' et V'' arrêtent ce mouvement de rotation autour de EF, de chaque côté de AB.

IKL est une plaque circulaire que la rotation de EF fait tourner entre l'extrémité de CD et la pièce KfL destinée à fixer IKL dans une position quelconque, en la serrant contre l'extrémité D de CD, au moyen de la vis V''' qui fait mouvoir K*f*L, afin d'arrêter le plateau PQ, et par conséquent le cercle de réflexion qu'il supporte dans un plan incliné.

Aux points E et F de l'axe EF, on a placé les deux bras EE', FF', qui servent à arrêter l'alidade du petit miroir, quand elle est horizontale : pour cela, on fixe les extrémités E', F' de EE', FF' à celles de l'alidade, par le moyen de deux vis, lorsqu'on veut faire mouvoir le cercle sans la déranger, comme cela est nécessaire dans certaines circonstances.

34. Pour obtenir la mesure simple d'un angle, il faut visser l'arbre de la vis du cercle dans l'écrou H' du pied, *fig.* 43, rendre les miroirs MN, *mn*, *fig.* 3, *pl.* 1ʳᵉ., parallèles, soit en tenant l'instrument à la main ou lorsqu'il est monté sur son pied, placer le cercle dans le plan des deux objets S et S' (ce que l'on exécutera en tournant l'instrument autour de l'axe que renferme AB', *fig.* 43, jusqu'à ce qu'en regardant EF, les deux objets paraissent en même temps dans le plan déterminé par l'œil et EF, puis au moyen de la rotation de EF, on fera coïncider le plan du cercle avec celui de l'angle à mesurer), diriger PL vers l'objet de gauche S (en faisant mouvoir le cercle autour de l'axe que contient GH, *fig.* 43), avancer CD en CD' vers P, jusqu'à ce que l'objet de droite S', réfléchi successivement sur

les deux miroirs M'N', mn, paraisse coïncider avec
le direct S ; alors le nombre de degrés de l'arc DD'
donnera, comme lorsqu'on tient le cercle à la main,
la mesure de l'angle cherché S'PS.

Remarque. Nous ne recommencerons pas ici
l'examen relatif aux circonstances particulières que
présente la mesure simple des angles, non plus
que celui qui se rapporte aux moyens différens du
précédent que l'on peut employer pour l'obtenir
(comme de laisser CD fixe sur le limbe et de tourner le cercle en conservant PL dirigé vers S), puisque nous avons donné ces détails à la suite de la
même observation, faite en tenant l'instrument à la
main, nous agirons de même par rapport aux observations croisées, à l'égard desquelles nous examinerons seulement les divers inconvéniens que le
pied peut présenter et les moyens d'y remédier,
soit dans sa construction ou par des précautions à
prendre.

35. Lorsqu'on veut faire des observations croisées, en dirigeant successivement le petit miroir
ou la lunette vers chacun des objets, on place le
cercle sur son pied et dans le plan des deux objets,
ensuite on fixe le zéro du vernier de l'alidade CD,
fig.4, sur une division du limbe, le zéro par exemple,
puis, en conservant le petit miroir mn ou la lunette
vers l'objet de droite S', on tourne l'instrument autour de l'axe de rotation que renferme GH, *fig.* 43,
jusqu'à ce que l'objet de gauche S, *fig.*4, réfléchi sur

les deux glaces MN, *mn*, paraisse dans la direction de
l'autre S'; et, après avoir fixé l'alidade PQ, au moyen
de sa vis de pression, on fait mouvoir le cercle autour
du même axe, pour diriger PL vers S, *fig.* 5, puis
on avance CD vers P, jusqu'à ce que l'objet S' coïncide avec le direct S, et l'arc DD″ donne le double
de l'angle cherché : en recommençant une nouvelle
observation croisée, on obtient un arc DD‴ quadruple de l'angle cherché ; et ainsi de suite.

36. La forme du pied, *fig.* 43, ne permet pas de
tourner le cercle d'une demi-révolution autour de
la ligne PL, *fig.* 4, pour le mettre dans la position de la *fig.* 6 (1), afin de croiser la mesure
des angles, en dirigeant la lunette vers le même
objet ; pour obvier à cet inconvénient, M. Lenoir
a construit le pied composé, *fig.* 44.

La colonne AB est soutenue par les trois branches AP′, AP″, AP‴, qui s'appuient sur les pieds
P′, P″, P‴, et elle renferme, dans sa partie inférieure AB′, un axe vertical au moyen duquel on fait
mouvoir la partie du pied qui lui est supérieure.

BE est un arc taraudé (2) que l'on peut faire

―――――――――――

(1) Excepté quand l'angle à mesurer est compris dans
un plan vertical, comme la hauteur d'un objet au-dessus
de l'horizon, pour laquelle on est obligé de prendre certaines précautions indiquées ci-après.

(2) Cet arc taraudé ainsi que ceux dont nous parlerons
encore, sont formés de portions d'hélices, tracées dans un

mouvoir à la main ou en se servant de la vis V (1) fixée à l'extrémité B de AB, pour incliner la tige CD, et par conséquent le cercle placé sur l'écrou H', dans le sens perpendiculaire à l'axe de rotation FF'.

GG'G'' est un autre arc taraudé qui sert, comme le premier BE, à incliner CD dans le sens perpendiculaire à celui de l'arc BE, en faisant tourner l'axe EKI, fixé au centre I de GG'G'', autour des points E et K.

CD est une colonne placée sur l'axe ECKI, à laquelle on peut donner toutes les positions qu'exigent celles du cercle, en l'inclinant convenablement au moyen des arcs BE, GG'G''.

DT, DU représentent la continuation de CD en deux branches, entre lesquelles tourne, autour de TU, l'arc taraudé PDQ, que l'on peut mouvoir à la main ou au moyen de la vis V'' fixée en D sur CD, pour incliner les plateaux superposés PQ, *pq*, et par conséquent le cercle dans le sens de la direction du plan PDQ : le premier de ces plateaux est fixe sur PDQ, et le second, qui est taraudé, tient au pre-

---

creux analogue à la gorge d'une poulie pour engrener avec une vis tangente.

(1) Pour chacune des vis V, V', V'', V''', il y a un ressort qui la presse contre l'arc taraudé et un axe de rotation, comme on le voit en *v* pour V''', muni d'un petit bras qui, tourné convenablement, fait désengrener la vis V''', ou lui sert d'appui.

mier par un axe placé en H, autour duquel on peut le mouvoir à la main ou en se servant de la vis V''' fixée sur l'inférieur.

Les deux arcs BE, GG'G'', par lesquels le pied de la *fig.* 44 diffère essentiellement de celui de la *fig.* 43 , servent à incliner convenablement la colonne CD, pour permettre au cercle de décrire une demi-révolution autour de l'axe de sa lunette.

Pour obtenir des observations croisées avec le pied, *fig.* 44, en renversant le cercle, il faut mettre PDQ dans un plan perpendiculaire à la ligne qui va de l'œil à l'objet direct, ou, ce qui revient au même, diriger son axe de rotation TU vers le même point (en se servant du mouvement de l'arc BE et de celui qui s'exécute autour de l'axe que renferme AB'), amener l'une des extrémités de PDQ en D, faire coïncider, au moyen de l'arc GG'G'', le plan de l'instrument avec celui de l'angle à mesurer, observer le contact des objets (comme avec le pied simple, en faisant usage de la rotation de *pq* autour de l'axe qui le réunit à PQ), faire décrire une demi-révolution au cercle par le mouvement de PDQ, observer de nouveau le contact, en laissant fixe sur le limbe l'alidade que l'on a fait mouvoir pour obtenir le premier ; ce qui donnera une observation croisée que l'on répètera , comme lorsqu'on tient l'instrument à la main.

On peut faire les mêmes observations de la manière suivante : Mettre GG'G'' (dont le plan est

parallèle à celui de PDQ) dans un plan perpendiculaire à la ligne qui va de l'œil à l'objet direct,
ou, ce qui revient au même, diriger son axe de
rotation ECKI vers le même point, amener l'une
des extrémités de GG'G'' en G', faire coïncider, au
moyen de l'arc PDQ, le plan de l'instrument avec
celui de l'angle à mesurer, observer le contact des
objets (de même que ci-dessus), faire décrire
une demi-révolution au cercle par le mouvement
de GG'G'', observer de nouveau le contact, en laissant fixe sur le limbe l'alidade que l'on a fait mouvoir pour obtenir le premier ; ce qui donnera une
observation croisée que l'on répètera, comme
lorsqu'on tient l'instrument à la main.

Ce dernier moyen pourrait occasionner une erreur sensible, si les objets étaient très rapprochés ;
car la demi-révolution de CD, au moyen de l'arc
taraudé GG'G'', écarte la lunette du cercle de sa
première position, du double de sa distance à
l'axe de rotation EKI ; au lieu que le mouvement
analogue de PDQ l'éloigne seulement du double
de sa distance à l'axe TU.

On peut obtenir des observations croisées avec
le pied, *fig.* 44, comme avec celui de la *fig.* 43,
en dirigeant successivement la lunette vers chacun
des deux objets : pour cela, après avoir obtenu
le premier contact, on tournera le cercle convenablement, en le faisant mouvoir à la main, au
moyen de la rotation du plateau supérieur *pq*,

jusqu'à ce que l'objet réfléchi dans la première observation paraisse dans le champ de la lunette, puis on établira le second contact; et ainsi de suite.

37. Lorsqu'on veut mesurer la hauteur d'un objet au-dessus de l'horizon, en mettant le cercle sur un pied, on fait d'abord les rectifications suivantes : on place le pied, *fig.* 43, de manière que le plan du cercle soit vertical et coïncide avec celui de l'objet dans les deux positions où les extrémités des vis V', V'' arrêtent le mouvement de rotation autour de l'axe horizontal EF ; on s'assure ensuite si la base du niveau E''F'', *fig.* 45, *pl.* 3, est parallèle à l'axe de la suspension *ss'* fixée auprès de la lunette sur l'alidade PQ, en y suspendant E''F'' au moyen des deux crochets *s* et *s'*, tournant PQ jusqu'à ce que le milieu de la bulle GH s'arrête sur le zéro (1); puis retournant le niveau de manière que chaque extrémité occupe la place de l'autre, le

(1) En supposant le niveau bien exécuté ; dans le cas contraire, il faut entendre par le zéro, comme nous l'avons dit ci-dessus, le point qui correspond au milieu de la bulle **GH**, lorsque la base de E″F″ est horizontale.

Remarque. Quoique le niveau destiné à cet usage, au lieu d'être divisé, soit ordinairement muni de deux espèces d'anneaux **G** et **H** auxquels doivent correspondre les extrémités de la bulle **GH**, ou au moins s'en trouver à des distances égales lorsque la base de E″F″ est horizontale,

centre de la bulle devra encore s'arrêter sur le zéro ; dans le cas contraire , l'on vissera ou l'on dé-
vissera la vis v , pour élever ou abaisser l'extrémité
F″ de E″F″, jusqu'à ce que le milieu de la bulle GH
se soit approché du zéro de E″F″, de la moitié de
la quantité dont il en était distant : puis on recommencera la même vérification , pour s'assurer de
l'exactitude de la première rectification , ou pour
en faire une seconde en cas de besoin.

Lorsqu'on a fait cette rectification , on s'assure
du parallélisme de l'axe de la lunette PP′ (1) , *fig.*
45, avec celui de la suspension ss'; pour cela, il faut
placer l'alidade PQ de manière que le milieu de la
bulle GH coïncide avec le zéro , observer un point
éloigné dans la direction de l'axe de la lunette , qui
est déterminé par l'intersection de deux fils perpendiculaires entre eux , tourner le cercle d'une demi-
révolution autour de l'axe horizontal EF du pied,
fig. 43, arrêter l'alidade PQ dans la position convenable pour que le centre de GH ,*fig.* 45, soit sur le
zéro, et voir si le point observé se trouve encore dans
la direction de l'axe (2) ; s'il paraît au-dessus ou au-
dessous , on tournera la lunette PP′ parallèlement

---

nous nous servirons cependant des mêmes expressions
que pour le niveau divisé de l'horizon artificiel.

(1) Pour ne pas intervertir l'ordre convenable des ma-
tières , nous anticiperons un peu sur quelques propriétés
des lunettes dont on trouvera la théorie ci-après.

(2) On aura soin de placer convenablement le cercle ,

au cercle, au moyen d'une vis placée à l'une de ses extrémités, ou plutôt on fera mouvoir les fils du foyer en se servant d'une vis adaptée à leur monture (1), jusqu'à ce que l'axe se soit approché du point ci-dessus, de la moitié de l'angle dont il en était distant; puis on recommencera la même vérification, pour s'assurer de l'exactitude de la première rectification; ou pour en faire une seconde, en cas de besoin.

38. Pour mesurer par des observations croisées la hauteur d'un objet au-dessus de l'horizon, en mettant le cercle sur un pied, il faut rendre la base du niveau E″ F″, et l'axe de la lunette PP′, parallèles à celui de la suspension s s′, *fig.* 45, placer l'instrument dans le vertical de l'objet, fixer le zéro du vernier de l'alidade CD sur une division du limbe, le zéro par exemple, tourner le cercle (après avoir arrêté PQ au moyen des deux bras EE′ et FF″, *fig.* 43, pour conserver l'axe de la lunette PP′ horizontal, ce dont on s'assure par le niveau E″ F″, *fig.* 45), jusqu'à ce que les rayons de l'objet S réfléchis sur les deux miroirs paraissent dans la direction de l'axe de la

---

après l'avoir retourné, pour que l'objet ne paraisse ni endeçà ni au-delà de l'axe par rapport au plan de l'instrument, que nous supposons parallèle à l'axe de la lunette. *Voyez*, ci-après, le moyen de faire cette rectification.

(1) Dans les lunettes de M. Lenoir, on fait cette rectification en tournant l'objectif dans le tuyau.

lunette, faire décrire à l'instrument une demi-révolution autour de l'axe horizontal EF du pied,
fig. 43, afin de lui donner une position analogue à celle de la *fig.* 6, pl. 1, pour laquelle
il est facile de voir qu'en rendant l'axe de la lunette horizontal, sans déranger PQ sur le limbe
(ce que l'on exécutera en tournant la vis V du pied,
après avoir un peu dévissé celles qui sont aux extrémités E′ et F′ des bras EE′, FF′), avançant CD
en CD″, jusqu'à ce que les rayons de l'objet S
paraissent dans la direction de l'axe de la lunette,
et l'arc DD″ donnera le double de la hauteur cherchée : en recommençant de la même manière une
observation croisée, on aura un arc DD‴ quadruple de la hauteur de l'objet; et ainsi de suite.

Ce moyen n'ayant pas, comme l'horizon artificiel, l'inconvénient de doubler la hauteur, il peut
servir à mesurer toutes celles que l'on observe *par
devant*, et même celles *par derrière* que l'on vou-
drait faire à terre, lorsque le supplément de l'élévation de l'astre n'excède pas 120° à 125°.

Le meilleur moyen que l'on peut employer pour
obtenir la hauteur simple d'un objet au-dessus de
l'horizon, consiste à établir le parallélisme des miroirs, à placer le cercle dans le vertical de l'objet,
et l'axe de la lunette PP′, *fig.* 45, horizontalement, à avancer ou à reculer l'alidade CD, suivant
que le cercle est dans une position renversée ou non,
jusqu'à ce que les rayons de l'objet réfléchis sur les

glaces paraissent dans la direction de l'axe de la lunette, et l'arc parcouru par CD donnera la hauteur cherchée.

Le pied, *fig.* 44, sert, comme celui de la *fig.* 43, à déterminer la hauteur d'un objet au-dessus de l'horizon, avec cette différence que n'étant pas muni de deux vis analogues à V', V", *fig.* 43, on est obligé de s'assurer, par le fil à plomb, si le cercle est vertical après chaque retournement que l'on fait au moyen de celui des arcs PDQ, GG' G", *fig.* 44, dont on a amené l'extrémité en D ou G', et rendu le plan vertical et perpendiculaire à celui de l'angle à mesurer, en dirigeant l'un des axes de rotation TU ou EKI vers le pied du vertical de l'objet.

Les moyens donnés ci-dessus peuvent s'appliquer à la mesure des angles qui excèdent 130°, en se servant d'un second petit miroir que l'on ajoute au cercle, et dont on trouvera la description et la théorie à la fin de cet ouvrage.

39. Maintenant que nous avons terminé l'examen de la mesure des angles avec le cercle de réflexion, nous allons faire une récapitulation des divers moyens d'obtenir des *observations à gauche, à droite et croisées* de la distance angulaire de deux objets.

Pour faire une *observation à gauche*, il faut fixer le zéro du vernier de *l'alidade du petit miroir* sur le point de départ de la circonférence, rendre les *glaces* parallèles, en faisant mouvoir *l'alidade de la grande*, diriger la lunette vers *l'objet de droite*, ou mettre le cercle dans une position renversée, et viser à *l'objet de gauche*, puis établir le contact en tournant l'instrument de manière que *l'alidade du petit miroir* se meuve *dans le sens* des divisions du limbe.

Il faut tourner *l'alidade du grand miroir, en sens contraire* des divisions du limbe, à partir du parallélisme des *glaces*, pour obtenir la même *observation*.

Pour faire une *observation à droite*, il faut fixer le zéro du vernier de *l'alidade du grand miroir* sur le point de départ de la circonférence, rendre les *glaces* parallèles, en faisant mouvoir *l'alidade de la petite*, diriger la lunette vers *l'objet de gauche*, ou mettre le cercle dans une position renversée, et viser à *l'objet de droite*, puis établir le contact en tournant *l'alidade du grand miroir dans le sens* des divisions du limbe.

Il faut tourner l'instrument de manière que *l'alidade du petit miroir* se meuve *en sens contraire* des divisions du limbe, à partir du parallélisme des *glaces*, pour obtenir la même *observation*.

De-là on conclut que pour commencer des *observations croisées*, de manière que *le double*, *le quadruple*, etc., de l'angle soit donné par le mouvement de *l'alidade du grand miroir dans le sens* des divisions du limbe, il faut fixer le zéro du vernier

de cette *alidade* sur le point de départ de la circonférence, diriger la lunette vers *l'objet de droite*, ou
mettre le cercle dans une position renversée, et viser
à *l'objet de gauche*, puis établir le premier contact
en tournant l'instrument de manière que *l'alidade
du petit miroir* se meuve *dans le sens* des divisions
du limbe, à partir du parallélisme des *glaces*.

Il faut commencer par une *observation à droite*,
et la faire en tournant *l'alidade du grand miroir*
pour que *le double*, *le quadruple*, etc., de l'angle
soit donné par le mouvement de *l'alidade du petit
miroir*, *dans le sens* des divisions du limbe.

Chacune des *alidades* irait *en sens contraire* des
divisions du limbe, si l'on commençait par une *observation à gauche*, en tournant *l'alidade du
grand miroir*, à partir du parallélisme des *glaces*, ou si l'on faisait mouvoir *celle du petit*,
pour obtenir une première *observation à droite*.

40. Après avoir donné les moyens de mesurer
les divers angles que l'on peut déterminer avec les
instrumens à réflexion, en les tenant à la main ou
en les plaçant sur un pied, nous allons indiquer
l'usage de l'arc divisé (appelé *vernier*, du nom de
son inventeur) qui est à l'extrémité de chaque alidade, lequel sert à lire sur le limbe l'arc qui
correspond au zéro du vernier : pour cela, nous
commencerons par démontrer le principe fondamental de sa construction.

En divisant les lignes égales AB , EF, *fig.* 10,

5..

pl. 1., appliquées l'une contre l'autre, la première
en 8 parties égales, par exemple, et la seconde en
8 + 1 ou 9, on aura $Aa = \frac{1}{8}AB$, $E1 = \frac{1}{9}EF = \frac{1}{9}AB$,
ce qui donne $Aa - E1 = a1 = (\frac{1}{8} - \frac{1}{9})AB = \frac{9-8}{8 \times 9}AB$
$= \frac{1}{9}$ de $\frac{1}{8}AB = \frac{1}{9}Aa$, puisque $\frac{1}{8}AB = Aa$; on trouvera de même que $b2 = \frac{2}{9}Aa$; et ainsi de suite. Si
donc on fait glisser la ligne EF le long de AI, jusqu'à ce que les divisions *a* et 1 coïncident, la ligne
EF aura avancé de $\frac{1}{9}Aa$; il faudra l'avancer des
$\frac{2}{9}Aa$, pour que les divisions *b* et 2 se correspondent;
et ainsi de suite. Réciproquement, si les divisions
a et 1 coïncident, le point E sera au neuvième de
Aa, à partir de A; il sera aux $\frac{2}{9}Aa$, si les divisions
b et 2 se correspondent; et ainsi de suite.

On divise ordinairement la circonférence du
cercle en arcs Aa, ab, bc, etc., de 10′ chacun,
qui équivalent à 20′ dans les instrumens à réflexion,
fig. 11, et, pour lire les minutes, on prend sur
l'extrémité de l'alidade un arc EF, égal à 19 parties du limbe, que l'on divise en 20; dans ce
cas, on démontrera, comme ci-dessus, que $Aa -$
$E1 = a1 = (\frac{1}{19} - \frac{1}{20})AB = \frac{1}{20}$ de $\frac{1}{19}AB = \frac{1}{20}Aa = 1′$,
puisque Aa équivaut à 20′; on prouvera de même
que $b2 = \frac{2}{20}Aa = 2′$; et ainsi de suite. Si donc on
trouve que les divisions *d* et 4 coïncident, par
exemple, on en conclura que la ligne E, qui est
ordinairement le zéro du vernier, se trouve aux
$\frac{4}{20}Aa$, ou à 4′ du point A, et qu'il faut, par conséquent, ajouter $\frac{4}{20}Aa$ ou 4′ à l'arc indiqué par

la division A, pour avoir le point du limbe auquel correspond le zéro du vernier.

Il est bon de dire en passant que la division en demi-minutes, qui équivalent à des minutes, du limbe d'un cercle de réflexion, suffit pour la mesure de tous les angles, au moyen des observations croisées qui diminuent considérablement l'erreur provenant de la lecture; il y en a cependant qui donnent les demi-minutes.

Il n'en est pas de même par rapport au sextant, pour lequel toute l'erreur qui provient de la lecture affecte l'angle mesuré; c'est pourquoi on est obligé de diviser le limbe de cet instrument de manière qu'il donne des arcs très petits. Il y en a sur lesquels les divisions du limbe donnent les angles mesurés de 10″ en 10″.

Lorsqu'on se sert d'une *loupe* (1) pour reconnaître les divisions qui coïncident, il faut avoir soin que la direction de son axe soit perpendiculaire au plan de la surface divisée de l'instrument, et faire attention aux divisions à droite et à gauche de celle du vernier qui correspond à une du limbe, pour voir si elles sont symétriquement placées par

---

(1) La principale pièce d'une *loupe* est un verre *lenticulaire* qui a la propriété de grossir les objets. Voyez-en la théorie ci-après.

Pour la bonté d'une loupe, il faut qu'elle fasse voir nettement les divisions, sans produire d'irradiation ou franges lumineuses sur les bords.

rapport à celles du cercle , et estimer la différence à vue d'œil, afin d'en conclure l'arc très exactement.

41. Dans les résultats précédens , nous avons supposé toutes les parties de l'instrument bien faites et convenablement placées ; mais il peut arriver que quelques-unes d'entre elles soient mauvaises ou se dérangent par des secousses , des variations de température et d'humidité , ou par d'autres causes ; c'est pourquoi nous allons donner des moyens pour s'assurer de la bonté de chaque partie de l'instrument , et d'autres pour remettre dans leur vraie position celles qui sont susceptibles de se déranger.

Avant de se servir , pour la première fois , d'un instrument à réflexion , il faut s'assurer que la division du limbe est exacte , que les plans des miroirs sont perpendiculaires à la surface du cercle , et que l'axe de la lunette lui est parallèle ; de plus , observer de jour à autre, pendant qu'on en fait usage , si les deux dernières conditions sont toujours remplies.

Nous parlerons encore , dans la suite , de quelques autres vérifications , comme de s'assurer du parallélisme des surfaces opposées des miroirs, des verres colorés , etc.

42. On vérifie la division du limbe, en le faisant parcourir à chacune des alidades ; et si, dans toutes leurs positions , les extrémités des verniers embrassent exactement le même nombre de parties ,

la circonférence sera bien divisée (1) ; dans le cas contraire, il ne faudra pas se servir de l'instrument, parce qu'il occasionnerait des erreurs d'autant plus grandes que la division serait plus inexacte.

Il est indispensable de faire parcourir plusieurs fois le limbe aux alidades, en partant de divers points, et d'observer si, dans toutes leurs positions, chacune des divisions de l'instrument est à la distance convenable de celle du vernier qui lui correspond ; c'est-à-dire, si la distance des divisions a et 1, *fig.* 11, est la moitié, le tiers, le quart, etc., de celles des divisions b et 2, c et 3, d et 4, etc. ; ce que l'on voit assez facilement avec un peu d'attention, au moyen d'une bonne loupe qui grossit les divisions sans produire d'irradiation.

Cette vérification, quoique longue et pénible, est tout-à-fait indispensable.

Par cette vérification, on s'assure encore que les alidades tournent autour du centre de l'instrument, car, sans cela, les extrémités des verniers

---

(1) La même vérification sur un sextant prouverait seulement que le limbe est divisé en parties égales, sans pouvoir en conclure qu'il a la longueur convenable. On s'assure de cette dernière condition, en mesurant le rayon de l'instrument et en observant que la corde de 60° lui est égale : mais la difficulté d'obtenir exactement la longueur du rayon, rend ce moyen peu praticable aux observateurs.

n'embrasseraient pas toujours exactement le même nombre de parties , puisqu'ils rencontreraient ces dernières à différentes distances du centre.

On fera bien de vérifier aussi la division du limbe au moyen d'un bon compas , en observant si une même ouverture embrasse exactement le même nombre de degrés sur toutes les parties de la circonférence.

On a jugé convenable d'indiquer ce moyen , parce qu'il s'applique au cercle et au sextant ; mais le premier de ces instrumens en offre un plus exact, qui consiste à reculer l'alidade CD , *fig.* 36 , *pl.* 3, vers Q, jusqu'à ce qu'elle soit arrêtée par l'autre PQ, à déterminer les points du limbe auxquels correspondent les zéros des verniers AB, A'B' , à tourner ensuite l'alidade PQ de P vers Q, ce qui fera avancer l'autre CD du même angle, puis à déterminer comme ci-dessus les points du limbe auxquels correspondent les zéros des verniers AB, A'B', et ainsi de suite, jusqu'à ce que chaque alidade ait parcouru la circonférence entière, pour s'assurer si l'arc compris entre les deux zéros des verniers est toujours le même ou non : dans le premier cas seulement, la circonférence sera bien divisée et les alidades tourneront exactement autour du centre, puisqu'une petite excentricité serait alors plus sensible que dans la vérification précédente, par la grandeur de l'arc embrassé.

On fera bien d'observer si, dans chaque position des alidades, les divisions des verniers se trouvent aux distances convenables de celles du limbe qui leur correspondent.

Dans ces diverses vérifications, on examinera avec soin si les verniers décrivent des circonférences concentriques à celles qui sont tracées sur le limbe ; car, sans cela, les alidades ne tourneraient pas autour du centre de l'instrument.

43. Pour vérifier la perpendicularité du plan du grand miroir sur celui du cercle ou pour l'établir, on met les deux viseurs GG', TT', *fig.* 12, *pl.* 1 (que l'on trouve dans la boîte du cercle, et qui sont tels que les hauteurs des faces rectangulaires G*gg'*, T*tt'* sont égales et moindres que celle du grand miroir), sur le limbe de l'instrument, de manière qu'en plaçant l'œil en O, à une distance du plan du cercle égale à la hauteur des viseurs, et regardant directement la base supérieure T de TT', par le côté EM, on aperçoive en même temps celle G de GG', au moyen de sa réflexion sur le grand miroir ; et s'il arrive que ces deux lignes, vues, l'une directement, et l'autre par réflexion, n'en forment qu'une seule et même continue, ce sera une preuve que le plan du grand miroir est perpendiculaire à celui de l'instrument.

Démonstration. Lorsque le plan du grand miroir est perpendiculaire sur celui de l'instrument, les rayons GK, parallèles au cercle, en se réfléchissant sur EN, restent dans le plan conduit par la base G, parallèlement à celui du cercle ; d'où il suit que les lignes réfléchies KO sont dans le même plan, passant par l'œil, que les rayons TO qui y arrivent directement ; donc les deux bases supérieures T et G doivent paraître sur une seule et même ligne droite continue.

Mais si la base G paraît plus près du plan du cercle que la ligne T, le grand miroir penche en arrière.

Démonstration. Quand le grand miroir penche en arrière, le plan mené par GK perpendiculairement à la surface EN, est incliné sur celui du cercle, de manière qu'il s'en éloigne en allant de K vers O ; les rayons de la ligne G qui arrivent en O sont donc réfléchis plus près du plan de l'instrument que n'en est l'œil, ce qui fait paraître la base G entre la ligne T et le cercle.

Pour ramener le grand miroir en avant, on tournera convenablement la vis ou les vis placées à cet usage sur sa monture, jusqu'à ce que la ligne droite G, vue par réflexion, paraisse n'en former qu'une seule et même continue avec T.

Un raisonnement semblable prouverait que le grand miroir penche en avant, quand la base G, vue par réflexion, paraît plus éloignée que l'autre T du plan de l'instrument.

Il faut toujours faire cette vérification ou la suivante à différens endroits du limbo, à cause des

erreurs inévitables dans la construction de l'instrument, qui font que le grand miroir paraît rarement bien rectifié dans les diverses positions qu'on
lui donne ; ce qui oblige de le placer de manière
qu'il s'en écarte le moins possible en faisant sa révolution.

Pour cette rectification, on se borne quelquefois à regarder directement le limbe (1) par le
côté EM du grand miroir (en plaçant l'œil en
O, le plus près possible du plan du cercle), et
à observer si l'arc vu directement et par réflexion,
paraît n'en former qu'un seul et même continu ou
non ; car, dans cette circonstance, on démontrera,
comme ci-dessus (en supposant que tous les points
de l'arc vu directement sont dans un même plan
passant par l'œil, ce qui ne s'écarte pas sensiblement
de la vérité), que, pour le premier cas, le plan du
grand miroir est perpendiculaire à celui de l'instrument, et que, dans le second, il penche en
arrière, quand l'arc vu par réflexion paraît au-
dessous de l'autre, et en avant lorsque le contraire a lieu.

Remarque. L'élévation de l'arc subsidiaire au-
dessus du plan du cercle empêche quelquefois de
rectifier la perpendicularité du grand miroir, lors-

---

(1) On emploie ce moyen lorsque l'instrument n'est
pas muni de viseurs, comme cela arrive ordinairement
au sextant.

qu'on regarde directement la partie du limbe qui est de son côté, ce qui oblige d'employer les viseurs. On évite cet inconvénient en visant à la partie opposée du limbe, ce que l'on fait en plaçant l'œil du côté de l'alidade du grand miroir. En rectifiant la position de la grande glace sur l'arc subsidiaire, qui est rarement parallèle au plan du cercle, on s'exposerait à commettre une erreur considérable.

44. Lorsqu'après avoir rectifié la position du grand miroir, on veut s'assurer de la perpendicularité du petit ou l'établir en visant à un point, on fixe l'une des alidades, PQ par exemple, *fig.* 13, *pl.* 1, puis visant, par la pinnule P, le plus près possible de la partie étamée, à un objet S' un peu éloigné, on fait mouvoir à la main l'alidade CD, jusqu'à ce que l'image du même objet, après ses deux réflexions sur les glaces, vienne passer par l'ouverture P; et s'il arrive qu'en tournant CD, l'image réfléchie passe sur la directe, le petit miroir sera perpendiculaire au plan de l'instrument.

Démonstration. Les points P et L étant également éloignés du plan de l'instrument, les droites PS', KS' lui sont parallèles, ainsi que KL, qui est dans le plan mené par KS' perpendiculairement à EN; de plus, la ligne LP est dans le plan conduit par KL perpendiculairement à *cn*, et coïncide avec la direction PS': donc le plan des droites KL, PL est parallèle à celui de l'instrument; d'où l'on conclut que *en* perpendiculaire à KLP l'est aussi au cercle.

Mais s'il arrive qu'en faisant mouvoir l'alidade CD, l'image réfléchie passe entre la directe et le plan du cercle, le petit miroir fera un angle obtus avec le grand, ou, en d'autres termes, il penchera en arrière (1).

Démonstration. Lorsque le petit miroir penche en arrière, le rayon LP, qui est dans le plan mené perpendiculairement à la petite glace, par la parallèle KL au cercle, s'écarte du plan de l'instrument, en allant de L vers P; donc, pour que LP passe par la pinnule P, il faut qu'il se réfléchisse sur un point du petit miroir plus près du cercle que n'en est l'ouverture P, ce qui fait paraître l'image réfléchie entre la directe et l'instrument.

Dans ce cas, on desserrera la vis qui est sur la monture du petit miroir, du côté opposé au grand, et l'on vissera l'autre, jusqu'à ce qu'en faisant mouvoir l'alidade CD, l'image réfléchie passe sur la directe.

On démontrera de la même manière que le petit miroir penche en avant ou vers le grand, lorsqu'en

_____

(1) Dans ce cas et le suivant, le contraire aurait lieu, si la pinnule P était remplacée par une lunette qui renversât les objets.

faisant mouvoir l'alidade CD, l'image réfléchie passe au-delà de la directe, par rapport au plan de l'instrument.

Dans ce cas, on desserrera la vis qui est sur la monture du petit miroir, du même côté que le grand, et l'on vissera l'autre jusqu'à ce qu'en faisant mouvoir l'alidade CD, l'image réfléchie passe sur la directe.

Pour cette rectification, il vaut mieux viser à un objet terrestre qu'à une étoile brillante, dont les deux images, directe et réfléchie, paraissent souvent coïncider par l'effet de l'irradiation, quoiqu'elles soient éloignées l'une de l'autre.

Remarque. Ce moyen est très bon quand il y a une lunette, parce que la grandeur de son objectif permet qu'elle reçoive des rayons réfléchis sur la partie étamée *en*, *fig.* 13, mais il est difficile de l'employer avec la pinnule; car, dans le cas où *e'n* penche en avant, l'image réfléchie, qui paraît plus éloignée du cercle que la directe, provient de la première réflexion des rayons sur la partie transparente *e'f*, et est, par conséquent, très faible par rapport à l'autre : c'est pourquoi le moyen donné ci-après, pour la rectification de la perpendicularité du petit miroir, lui est préférable lorsqu'il y a une pinnule.

45. Avant de passer à la rectification de la perpendicularité du petit miroir, en visant à une

ligne, nous allons faire quelques remarques et tirer plusieurs conséquences géométriques, dont
nous aurons besoin, qui résultent de la réflexion
sur un ou deux miroirs plans des rayons envoyés
par une droite.

Les rayons AK, A'K', A"K", *fig.* 14, *pl.* 2,
envoyés par la droite A A", en se réfléchissant sur
la surface plane EN, ont leurs nouvelles directions KB, K'B', K"B", comprises dans le plan
mené par K K", en faisant avec EN l'angle BKK"E
égal à AKK"N.

Démonstration. Chaque rayon réfléchi K'B',
fait avec EN un angle égal à celui de A'K' avec
la même surface (n°. 1), et est de plus dans le
plan conduit par A'K' perpendiculairement à EN
ou à KK", il se trouve donc compris dans le plan
K"B.

De-là on conclut que les plans K"A, K"B, font
aussi des angles égaux AKK"*a"*, BKK"*a"* avec K"*a*
mené par KK" perpendiculairement sur EN, puisqu'ils sont chacun les complémens de AKK"N,
BKK"E.

Il suit de-là que, quand les rayons KB, K'B',
K"B" se réfléchissent sur un second miroir plan
en, *fig.* 15, 16 et 18, leurs nouvelles directions BP, B'P', B"P", sont comprises dans le
plan mené par BB", en faisant avec *en* un angle
égal à celui de K"B avec la même surface : on conclut de même que KBB"*p"*=*p*BB"P", *fig.* 15 et 18

(Bp'' est le plan conduit par BB'' perpendiculairement sur *en*).On tirerait les mêmes conséquences de la réflexion de BP , B'P' , B''P'', sur un troisième miroir plan ; et ainsi de suite.

Le plan K''A , *fig.* 15 , des rayons directs AK, A'K', A''K'', et celui B''P dans lequel ils sont compris après leurs réflexions sur les glaces EN , *en* , sont parallèles entre eux , lorsque les surfaces des miroirs EN , *en* , satisfont à cette condition.

Démonstration. En menant par les parallèles KK'', BB'' (comme intersections de K''B avec EN et *en*), les plans K''*a* , B''*p* , perpendiculairement sur EN , *en*; ils sont parallèles entre eux (comme perpendiculaires aux plans parallèles EN, *en*), et forment , par conséquent , avec K''B , les angles alternes internes égaux *a* KK''B'' et KBB''p'', lesquels le sont aussi respectivement à AKK''*a*, PBB''p''; donc AKK''B''=PBB''K''; ce qui prouve que les plans K''A , P''B, sont parallèles entre eux, puisqu'ils font des angles alternes internes égaux avec K''B.

Les plans K''A , P''B , *fig.* 16 , sont encore sensiblement parallèles entre eux , lorsque les bases MN , *mn* , satisfont à cette condition, que *en* est peu incliné sur EN , et que la direction de K''A est telle que K''K se trouve perpendiculaire sur la ligne MN.

Démonstration. En menant par le point B le plan *b''*B*n'* parallèle à EN , il aura sur *en* la même inclinaison que EN, et il rencontrera K″B suivant la droite Bb″(1), parallèle à KK″, et peu inclinée sur BB″ (puisque en fait un petit angle avec EN); mais les rayons de AA″, après leurs réflexions sur EN et sur b″Bn′ seraient compris dans le plan p″B, parallèle à K″A (comme nous l'avons prouvé, *fig.* 15); donc P″B diffère très peu de p″B et est sensiblement parallèle à K″A; car les droites BP, B′P′, B″P″ sont parallèles au plan K″A, et l'angle b″BB″ est très petit et de plus incliné sur en.

Si les bases MN, mn, n'étaient pas parallèles, Bb″ serait de même parallèle à KK″ et peu incliné sur BB″; mais le plan P″B ne ferait plus un très petit angle avec p″B et avec K″A; car les droites BP, B′P′, B″P″ ne seraient plus parallèles à K″A.

Puisque Bb″ est parallèle à KK″, et, par conséquent à K″A, il s'ensuit que BB″ s'éloigne de K″A, à partir de B; il s'en approcherait au contraire, si en penchait en avant ou vers EN.

Remarques géométriques. Les plans K″a, p″B, *fig.* 17, conduits par les intersections KK″, BB″ de la surface plane K″B avec celles de EN, en, perpendiculairement à EN, en, font entre eux un angle égal à celui des lignes M′N′, m′n′, menées

---

(1) On suppose que en penche en arrière ou s'éloigne de EN, à partir de la base mn: si en penchait en avant, il faudrait prolonger K′B′, K″B″, jusqu'à la rencontre du plan mené par le point B, parallèlement à EN, ou le mener par le point B″.

6

dans EN, *en*, et à angles droits sur KK″, BB″; car les lignes M′N′, *m′n′*, étant dans les plans EN, *en*, et perpendiculaires sur KK″, BB″, elles le sont aussi aux plans K″*a*, *p″*B ; donc l'angle de ces dernières surfaces est égal à celui des droites M′N′, *m′n′* (1), qui leur sont respectivement perpendiculaires.

Il est aisé de voir que *p″*B s'éloigne de K″*a*, en allant de BB″ vers *pp″*, lorsque *m′n′* s'écarte de M′N′, à partir de *n′*, ou, en termes plus généraux, quand *m′n′* s'éloigne de M′N′ en même temps que de K″*a* : *p″*B s'approcherait au contraire de K″*a*, en allant de BB″ vers *pp″*, si *m′n′* s'approchait de M′N′ en s'éloignant de K″*a*.

Réciproquement, *m′n′* s'éloigne ou s'approche de M′N′, à partir de *n′* ou de K″*a*, selon que *p″*B s'éloigne ou s'approche de K″*a*, en allant de BB″ vers *pp″*.

Nous allons maintenant appliquer ces remarques à la marche des rayons d'une droite qui se réfléchissent successivement sur deux miroirs plans et inclinés entre eux. Pour cela, soient les plans K″A,P″B, *fig.* 18, formés par les rayons directs AK,A′K′,A″K″, de AA″ et par les directions BP, B′P′,B″P″, qu'ils prennent après leurs réflexions sur les surfaces planes EN, *en*; menons par KK″,BB″,les plans K″*a*,*p″*B,perpen-

(1) L'angle de deux droites tracées dans des plans différens, et qui, par conséquent, ne se rencontrent pas, est celui que forme l'une de ces lignes avec la parallèle à l'autre menée par un point de la première.

diculairement à EN, *en;* on aura P″B″B*p*=*p*″B″BK, A″K″K*a*=*a*″K″KB; retranchant membre à membre, il vient P″B″B*p*—A″K″K*a*=*p*″B″BK—*a*″K″KB ; d'où l'on conclut que la différence des inclinaisons de P″B, K″A, sur *p*″B, K″*a*, est égale à celle de ces dernières surfaces sur K″B, et que l'angle des plans P″B, K″A, est le double de celui des surfaces *p*″B, K″*a*, ou de celui des droites M′N′, *m*′*n*′, perpendiculaires à KK″, BB″; car nous avons vu, *fig.* 17, que ces angles sont égaux.

Les plans K″A, P″B, *fig.* 18, sont donc parallèles ou inclinés entre eux, selon que les plans EN, *en*, sont parallèles ou inclinés suivant les directions des droites M′N′, *m*′*n*′.

Il est aisé de voir, comme sur la *fig.* 17, que P″B s'éloigne de K″A, en allant de BB″ vers PP″, lorsque *m*′*n*′ s'écarte de M′N′, à partir de *n*′, ou quand *m*′*n*′ s'éloigne de M′N′ en même temps que de K″A: P″B s'approcherait au contraire de K″A, en allant de BB″ vers PP″, si *m*′*n*′ s'approchait de M′N′ en s'éloignant de K″A.

Réciproquement, *m*′*n*′ s'éloigne ou s'approche de M′N′, à partir de *n*′ ou de K″A, selon que P″B s'éloigne ou s'approche de K″A, en allant de BB″ vers PP″.

On peut tirer de cette démonstration la même conséquence que celle qui a été déduite de la *fig.* 16 en effet, supposons, *fig.* 18, *mn* parallèle à MN, *en* peu incliné sur EN, et KK″ perpendicu-

6.

laire à MN. La ligne BB″ (comme dans la *fig.* 16)
différera peu d'être parallèle à KK″ (ce qui aurait
rigoureusement lieu si *en* était parallèle à EN), et
sa perpendiculaire *m′n′* fera un très petit angle avec
mn, lequel est égal à celui de *m′n′* avec MN ou avec
M′N′, puisque MN, M′N′, *mn*, sont parallèles dans
cette circonstance ; donc les plans K″A , P″B ,
ont aussi une très petite inclinaison entre eux ,
quoique double de celle des droites M′N′, *m′n′*.

46. Pour rectifier la perpendicularité du plan du
petit miroir sur celui du cercle, en visant à une
ligne, il faut, après s'être assuré de la perpendicularité du grand , viser par la pinnule P, *fig.* 19,
pl. 2 , dans la partie transparente *e′f* du petit miroir, à une droite AA, ,(assez éloignée pour négliger l'angle des plans PA″A, ,K″A , formés par les
rayons de A″A, qui arrivent directement en P, et par
ceux de AA″ qui se réfléchissent sur la grande glace),
en tenant l'instrument de la main gauche dans un
plan perpendiculaire à K″A ; puis faire mouvoir l'une
des alidades, CD par exemple, jusqu'à ce que l'extrémité A″ de AA″, après ses deux réflexions sur les
glaces, paraisse en B″, au bord de la partie étamée,
coïncider avec l'extrémité A″ de A″A, : dans cette
position , les lignes B″B, , BB″ , vues, la première
directement , et l'autre par réflexion, semblent
ordinairement n'en former qu'une seule et même
continue, ce qui n'a rigoureusement lieu (comme
on le conclut de la *fig.* 16 , au moyen de laquelle

nous avons prouvé que BB″ est parallèle à KK″ et à
K″A, ou leur est incliné, suivant que *en* est lui-même
parallèle à EN ou lui est incliné dans le sens BB″)
que quand *e′n* est parallèle à EN, suivant la direction BB″; mais comme *e′n* est toujours peu incliné
sur EN dans le sens perpendiculaire au cercle, lorsqu'on fait cette vérification, il s'ensuit que le plan
PBB″ est si peu incliné sur K″A ou sur PB″B, que
l'œil le plus exercé ne l'aperçoit pas dans cette situa-
tion de l'instrument, par l'angle des droites BB″,
B″B, (1). En menant les perpendiculaires M′N′, *m′n′*
à KK″, BB″, elles sont sensiblement parallèles, puisqu'elles font (comme on l'a démontré, *fig.* 18) un
angle égal à la moitié de celui du plan PBB″ avec
K″A ou avec PB″B, (lequel n'est tout-à-fait nul que
quand *e′n* est parallèle à EN dans la direction *m′n′*);
mais KK″ est perpendiculaire au plan de l'instrument, à la base MN du grand miroir, et peu incliné
sur BB″; donc BB″ fait sensiblement un angle droit
avec le cercle ainsi qu'avec *mn*; d'où il suit que l'angle
des lignes *m′n′*, *mn* est très petit, et que la parallèle
M′N′ au plan de l'instrument et à MN, est toujours
peu inclinée sur les droites *m′n′* et *mn*; ce qui
prouve que les bases MN, *mn* des miroirs sont sensiblement parallèles.

Remarque. Quand *e′n* est incliné sur EN, suivant
la direction perpendiculaire au cercle, le défaut du

---

(1) Cet angle deviendrait sensible, si *e′n* était assez incliné sur EN dans la direction du plan K″B.

parallélisme des bases MN, *mn*, vient de ce que ce n'est pas le point A″ de AA., *fig.* 19, qui est vu par réflexion coïncider avec le direct PA″ à la jonction B″ des lignes BB″, B″B.; puisque nous avons démontré dans le premier moyen de rectifier la perpendicularité du petit miroir, que le rayon du point A″ qui se réfléchit en B″, après avoir suivi la route A″K″B″, s'éloigne ou s'approche du plan du cercle, à partir de B″, selon que *e′n* penche en arrière ou en avant, et qu'il ne passe pas par l'ouverture P; d'où l'on conclut que le rayon de A″, qui, réfléchi sur les glaces, arrive en P, a rencontré *e′n* à une distance du plan de l'instrument, moindre ou plus grande que celle de B″ : c'est donc la coïncidence du rayon réfléchi d'un autre point de AA. que l'on observe avec le direct PA″; mais le plan PBB″(comme on l'a vu *fig.* 15, 16 et 18) n'est rigoureusement parallèle à K″A, et ne coïncide, par conséquent, avec PB″B., que quand *e′n* est parallèle à EN au moins suivant les directions M′N′, *m′n′, fig.* 18; de plus, lors de la jonction des lignes BB″, B″B. en B″, *fig.* 19, le point de la première, prolongée en cas de besoin, sur lequel se réfléchit le rayon de A″ qui arrive en P, est compris entre PB″B. et K″A, soit que *e′n* penche en arrière ou en avant. En effet, lorsque *e′n* penche en { arrière / avant }, le rayon réfléchi et envoyé par A″, qui passe par la pinnule P, rencontre *e′n* plus { près / loin } du plan de l'instrument que B″; mais BB″ est incliné sur B″B. (voyez *fig.* 16),

de manière qu'il { s'approche / s'éloigne } de K″A, à partir de
B″; donc, dans les deux cas, le rayon réfléchi
de A″, qui arrive en P, vient d'un point de e′n
plus rapproché de K″A que B″. En imaginant par
le point, où se réfléchit le rayon de A″ qui arrive
en P, une surface parallèle à EN, elle réfléchira
le même rayon de A″, parallèlement à K″A, suivant une direction comprise entre PB″B, et K″A,
ou plus rapprochée de K″A que P; d'où l'on
conclut que le rayon de A″, qui, réfléchi sur e′n,
passe par P, s'éloigne de K″A, en même temps
que de e′n, et par suite que cette surface imaginée
parallèlement à EN, fait avec e′n (excepté quand
e′n est parallèle à EN) un angle qui la fait passer
au-delà du petit miroir, par rapport au grand,
en s'approchant de K″A, d'abord relativement
à la parallèle au plan de l'instrument menée sur
e′n par le même point que la surface imaginée, puis
par rapport à toutes les autres droites semblablement tracées sur e′n parmi lesquelles se trouve la
base mn, donc cette dernière ligne mn s'approche
de EN ou de MN, en même temps que de K″A.
Nous dirons cependant que dans cet état les bases
MN, mn, sont parallèles, car l'angle qu'elles font
est insensible, toutes les fois que e′n est peu incliné sur EN, suivant la direction perpendiculaire
au cercle; ce qui a ordinairement lieu lorsqu'on
rectifie la position des miroirs.

Si, dans cet état de choses, l'on incline l'instrument à droite et à gauche, jusqu'à lui donner une position presque parallèle à AA_1, et que dans ces divers balancemens, les lignes BB'', $B''B_1$, en changeant de position sur $e'n$, paraissent toujours n'en former qu'une seule et même continue, le petit miroir $e'n$ sera parallèle au grand EN, et, par conséquent, perpendiculaire au plan du cercle.

Démonstration. Dans toutes les positions de l'instrument, les droites menées, comme $M'N'$, $m'n'$, *fig.* 19, perpendiculairement à KK'', BB'', qui ont sur les surfaces des miroirs toutes les directions imaginables, sont parallèles entre elles; car leur inclinaison mutuelle est constamment nulle, comme égale à la moitié de l'angle du plan PBB'' avec $K''A$ parallèle à $PB''B_1$ qui coïncide toujours avec le premier PBB''.

Mais si, en tenant l'instrument de la main gauche, on fait avancer la partie inférieure D, *fig.* 20, du côté des miroirs, par rapport au cercle, ou, en d'autres termes, si l'on penche l'instrument en arrière, et que la ligne BB'', vue sur la partie étamée, quitte $B''B_1$, s'incline sur elle et s'éloigne en même temps de $K''A$; les rayons $BP, B''P$ s'approcheront du plan $K''A$, à partir de BB''; par conséquent la ligne $m'n'$ perpendiculaire à BB'', qui fait, comme dans la *fig.* 18, avec $M'N'$, un angle égal à la moitié de celui du plan PBB'' avec $K''A$ ou avec $PB''B_1$, et, dans le même sens, s'approche de $M'N'$ et de EN, à partir de n' ou de la base mn; d'où l'on conclut que le petit miroir $e'n$ penche en avant ou vers le grand.

Si, dans la même circonstance, on incline l'instrument en avançant la partie inférieure D du côté opposé aux miroirs, on verra, *fig.* 21, la droite BB″ quitter B″B, et s'incliner sur elle en s'approchant de K″A; alors $m'n'$ s'écarte de M′N′ et de EN, à partir de n', c'est-à-dire, en s'approchant de la base mn, puisque le plan PBB″ s'éloigne de K″A, à partir de BB″; ce qui indique encore, comme cela devait être, que le petit miroir penche vers le grand.

Dans les deux balancemens de l'instrument, *fig.* 20 et 21, il est facile de voir que la ligne BB″, vue par réflexion sur la partie étamée, paraît s'éloigner de plus en plus du plan du cercle, à mesure que l'on incline l'instrument; d'où l'on conclut que le petit miroir penche en avant ou vers le grand, lorsque dans les diverses inclinaisons que l'on donne à l'instrument sur la droite AA₁, la ligne BB″, vue sur la partie étamée, quitte l'autre B″B₁, en s'inclinant sur elle, et en s'éloignant en même temps du plan du cercle.

Dans cette circonstance, on desserrera la vis qui est sur la monture du petit miroir, du même côté que le grand, et l'on vissera l'autre jusqu'à ce qu'en balançant l'instrument à droite et à gauche, les deux lignes BB″, B″B₁ paraissent toujours n'en former qu'une seule et même continue.

On prouvera de la même manière que le petit

miroir penche en arrière ou du côté opposé au grand, lorsqu'en balançant le cercle à droite et à gauche, la ligne BB″, *fig.* 19, vue sur la partie étamée, quitte l'autre B″B₁, en s'inclinant sur elle et en s'approchant du plan de l'instrument.

Dans ce cas, on desserrera la vis qui est sur la monture du petit miroir du côté opposé au grand, et l'on vissera l'autre jusqu'à ce que dans les diverses inclinaisons de l'instrument sur AA₁, les deux lignes BB″, B″B₁ paraissent toujours n'en former qu'une seule et même continue.

47. Maintenant que nous avons donné les moyens de s'assurer de l'exactitude de la division du limbe et de la perpendicularité des plans des miroirs sur celui du cercle, nous devrions indiquer de suite ceux que l'on emploie pour rectifier la position de la lunette ; mais nous allons d'abord en donner la théorie pour en faire concevoir plus facilement l'utilité et les diverses applications : ce qui nous oblige d'entrer dans quelques détails au sujet de la déviation qu'éprouve un rayon lumineux, lorsqu'il pénètre dans l'intérieur d'un corps transparent, et celle qu'il subit en le quittant, afin d'en conclure sa direction, après qu'il en est sorti, par rapport à celle qu'il avait avant de le rencontrer, quand les surfaces opposées du corps sont parallèles ou inclinées, pour expliquer ensuite les propriétés des lentilles, l'usage de la loupe, la construction et l'usage des lunettes en général, et de celle du cercle en particulier.

Lorsqu'un rayon lumineux RS , *fig.* 22 , *pl.* 2 , rencontre obliquement la surface AB d'un corps transparent, la partie réfractée , sans sortir du plan conduit par RS perpendiculairement à AB , prend une direction ST inclinée sur RS , qui s'approche ou s'éloigne de la normale N″N‴ à AB , suivant que le corps est plus ou moins dense que le milieu environnant (1) : l'effet contraire a lieu , quand ST se réfracte à la seconde surface du corps pour rentrer dans le milieu ambiant : d'où il suit que si la seconde surface A′B′ est parallèle à AB , le rayon réfracté TU de ST sera parallèle à RS ; mais si la seconde surface *ab* est inclinée sur AB , le rayon réfracté TU′, différent de TU, sera incliné sur RS, de manière qu'il s'éloignera ou s'approchera du côté où se trouve l'intersection A*a* des plans AB, *ab* sans quitter le plan mené par ST, perpendiculairement sur *ab*, selon que le corps sera plus ou moins dense que le milieu environnant ; de sorte que si le plan conduit par RS perpendiculairement à AB, l'est en même temps sur la commune intersection A*a*, il le sera aussi sur *ab* , et contiendra ST et TU′.

Réciproquement , lorsqu'un rayon de lumière RS, après avoir traversé un corps transparent A′B , à une direction TU parallèle à RS , on en conclut que les surfaces opposées AB, A′B′, le sont

---

(1) Nous l'appliquerons au passage des rayons lumineux de l'air dans le verre , et réciproquement ; or , dans ce cas, le corps est plus dense que le milieu.

aussi ; car il n'y a que des surfaces parallèles qui
donnent à TU une pareille direction : de même,
quand TU' est incliné sur RS, les surfaces AB,
ab, font entre elles un certain angle, duquel celui
des droites RS,TU' dépend, ainsi que de la puissance réfrangible du corps traversé, et de l'inclinaison sous laquelle RS a rencontré AB.

Dans la *fig.* 22 on a supposé que les surfaces
AB,A'B',*ab* étaient planes ; mais le raisonnement ci-
dessus ne changerait pas, quand elles seraient courbes, puisqu'à l'égard de ces dernières les rayons suivent la même marche que si elles étaient remplacées
par les plans tangens à chacun des points que l'on
considère.

Il est bon de dire que l'on appelle *optique* tout
ce qui concerne la science de la lumière, et que
l'on désigne particulièrement sous le nom de *catop-*
trique, la partie qui se rapporte à la réflexion des
rayons lumineux sur les surfaces des miroirs ou
corps polis, et de *dioptrique*, celle qui a pour objet
leur réfraction, lorsqu'ils passent d'un milieu dans
un autre plus ou moins dense.

48. Lorsque des rayons R'S',R"S" parallèles à
RS, *fig.* 23, rencontrent le corps transparent T'S"
(qui est ordinairement du verre, placé dans de
l'air atmosphérique) à angles saillans et plus dense
que le milieu qui l'environne, de manière que
RS se trouve perpendiculaire à la surface qu'il
atteint et à celle qu'il quitte, les premiers prennent
d'abord les directions S'T', S"T", qui s'appro-

chent de la droite RSTU, ensuite les autres T'U',
T"U", qui convergent encore plus vers RU ; et il
est facile de concevoir la possibilité de terminer
la surface du corps T'S" par un grand nombre de
petits plans, ou plutôt par une ou plusieurs surfaces courbes continues, tellement disposées, *fig.*
24, qu'elles fassent converger T'U',T"U" vers un
même point F situé sur TU.

On a déterminé par le calcul la forme des deux
surfaces courbes continues qui doivent terminer le
corps transparent III, *fig.* 24 (lequel prend alors
le nom général de *lentille*), dont les sections par un
plan sont HSI, HTI, pour que cette condition
soit remplie ; mais la difficulté de leur exécution
est si grande, que l'on y a totalement renoncé, en
les remplaçant toutefois par des surfaces sphéri-
ques qui s'en écartent peu, lorsque les arcs HSI,
HTI, de grands cercles menés sur les calotes HSI,
HTI (que l'on fait ordinairement de même rayon,
et par suite symétriquement placées par rapport
au cercle du diamètre HCI qui leur est commun, et
dont le centre C est aussi celui de la lentille), sont
d'un petit nombre de degrés ; de sorte que les rayons
T'U', TU, T"U", ne se réunissent pas rigoureusement en un point, mais dans une étendue d'autant plus petite, que les arcs HSI, HTI, sont d'un
moindre nombre de degrés.

Le point F, où se réunissent les rayons T'U',TU,
T"U", s'appelle *foyer principal*, ou simplement

foyer; il est d'autant plus éloigné de la lentille HI, que les surfaces de cette dernière ont moins de courbure.

La lentille HI, ayant ses deux surfaces symétriquement placées par rapport au plan du cercle HCI qui leur est commun, concentrerait de même au point symétrique de F, ou au moins dans une petite étendue, des rayons parallèles à RCF qui lui arriveraient du côté de la surface T'TT''.

Les lentilles servent à différens usages, et leurs dimensions varient suivant l'emploi auquel on les destine : elles sont généralement très grandes, quand on veut leur faire produire une chaleur qui fonde les corps (1), de diverses dimensions pour les lunettes, et petites lorsqu'elles servent à voir distinctement de petits objets : dans ce cas, elles prennent le nom de *loupe*.

49. Lorsque, dans un appartement rendu obscur en fermant les portes et les fenêtres, on fait entrer par un petit trou, et d'une manière quelconque, un rayon solaire RS, *fig.* 22, (2): en lui fai-

(1) Il y en a une à l'Observatoire de Paris, qui, présentée aux rayons du Soleil, évapore à l'instant l'argent, et même l'or que l'on met à son foyer.

(2) On expose ordinairement dehors, aux rayons du Soleil, un *héliostat*, qui est formé d'un miroir plan métallique, qu'une horloge fait tourner, de manière qu'après l'avoir disposé convenablement, il réfléchit les rayons solaires dans la direction de l'ouverture pratiquée au volet de la chambre obscure.

sant traverser le prisme de verre BA*ab*, et recevant TU' sur une surface blanche (pour que ce soit plus sensible), telle que du papier ordinaire, le spectre paraît composé de sept couleurs, qui sont le *rouge*, l'*orangé*, le *jaune*, le *vert*, le *bleu*, l'*indigo* et le *violet*, aperçues pour la première fois par Newton. Ces couleurs qui, réunies, forment la lumière blanche, sont occasionnées par la réfrangibilité des rayons *rouges*, qui est moindre que pour les *orangés*, et ainsi de suite, jusqu'aux *violets* qui sont les plus déviés, quand ils pénètrent obliquement dans un corps transparent.

Il ne faut pas croire que ces sept couleurs soient tellement tranchées qu'il y ait une ligne visible de séparation entre elles ; au contraire, elles passent du *rouge* au *violet* par des différences insensibles, et c'est seulement pour fixer les idées que Newton a partagé le nombre indéfini de nuances qui se présentent en sept couleurs principales : d'ailleurs il faut encore employer des moyens particuliers pour les isoler, car chaque espèce de rayons formant un cercle entier, les sept principaux qui en résultent, empiètent les uns sur les autres, de manière que le milieu du spectre est formé de la réunion de plusieurs couleurs simples, ce qui empêche de les voir toutes isolées comme celles des bords. Voyez, pour de plus grands détails, les traités de physique.

Cette même décomposition de la lumière ayant lieu pour les rayons R'S', R''S'', *fig.* 23 et 24 (1), qui traversent le corps transparent T'S'', ou la lentille HI, elle produit sur les bords des franges lumineuses, semblables à celles de l'arc-en-ciel, et appelées *aberration de réfrangibilité* (2), lesquelles empêchent de voir les objets nettement terminés.

50. En plaçant un point lumineux au foyer F, *fig.* 24, la lentille HI fait prendre aux rayons FT', FT'', qu'il envoie, des directions S'R, S''R'' parallèles à SR; car FT', FT'' subissent en T', T'' et en S', S'' des déviations égales et contraires à celles

---

(1) RS n'est pas décomposé lorsqu'il rencontre perpendiculairement la surface de la lentille.

(2) Il ne faut pas confondre cette *aberration de réfrangibilité* avec *l'aberration de sphéricité*, qui provient de ce que la forme sphérique des surfaces d'une lentille, réunit les rayons parallèles dans un petit espace, au lieu de le faire en un point unique. Le moyen le plus simple de détruire, ou plutôt de diminuer cette dernière, consiste à faire les lentilles telles que les arcs de grands cercles menés sur leurs surfaces (et dont ceux qui sont sur les objectifs déterminent *l'ouverture* de la *lunette*; on donne ce nom en général aux instrumens qui servent à voir les objets éloignés, lorsqu'ils sont construits comme nous le dirons ci-après, et celui de *microscope* à ceux que l'on emploie pour examiner la forme des petits corps) soient d'un petit nombre de degrés.

On détruit *l'aberration de réfrangibilité* d'une autre manière, comme nous le dirons dans la suite.

que R′S′, R″ S″ éprouvent, quand ils arrivent à la lentille parallèlement entre eux et à RSCTF.

Si l'on met un point lumineux en G , *fig.* 25, entre la lentille HI et son foyer F, les rayons GT′, GT″, après avoir traversé HI, suivront les lignes S′R′, S″R″ divergentes par rapport à FR , mais moins que ne l'étaient GT′, GT″; car l'inclinaison mutuelle des plans tangens aux points T′,S′ d'une part, T″,S″ de l'autre , fait diminuer la divergence sur FR de GT′,GT″, dont les directions deviennent successivement T′S′, T″S″ et S′R′, S″R″, sans la détruire entièrement, puisque GT′,GT″, forment avec GT un plus grand angle qu'il ne le faudrait (d'après la *fig.* 24) pour que HI leur fît prendre des routes parallèles à FR. Réciproquement, des rayons R′S′, R″S″, *fig.* 25, également convergens vers RCF , seraient concentrés par la lentille HI, en un point G compris entre elle et son foyer.

Au contraire , les directions S′R′, S″R″, *fig.* 26, convergeront vers un endroit de FCR, si le point lumineux G′ est au-delà du foyer F , par rapport à la lentille HI ; car la divergence des rayons G′T′, G′T″, par rapport à G′T , est moindre que celle qu'il leur faudrait (d'après la *fig.* 24), pour qu'elles devinssent parallèles à G′FCR. Réciproquement , des rayons R′S′,R″S″, *fig.* 26, également divergens par rapport à RCF, ou envoyés par un point lumineux placé sur FCR, et au-delà du foyer , seraient concentrés par la lentille en un point G′, plus éloigné de HI que F.

51. Dans tout ce qui précède, nous avons supposé les rayons R'S', R"S", *fig.* 24, 25 et 26, parallèles à RCF, également convergens ou divergens par rapport à RCF, le point lumineux F, G ou G' placé sur la même ligne FCR ; mais les résultats seraient les mêmes, si les rayons parallèles R'S', RS, R"S", *fig.* 27, étaient inclinés sur CF, (qui joint le centre C et le foyer F de la lentille HI), avec cette différence, que leur réunion aurait sensiblement lieu en un point F", situé sur la direction TF" que prend le rayon principal RS (on appelle ainsi celui des rayons parallèles qui passe par le centre C); laquelle est parallèle à RS, et ne se trouve pas sur son prolongement, comme dans la *fig.* 24; car les plans tangens aux points S et T sont parallèles entre eux, et inclinés sur RS, ST, puisque les deux calotes HSI, HTI, sont égales, et de plus symétriques par rapport au cercle du diamètre HCI, qui leur est commun, ainsi que par rapport à la droite CF, ce qui fait que RS s'infléchit, à chaque réfraction, d'une quantité égale et contraire ; d'où il suit que TF" est parallèle à RS.

Réciproquement, si l'on met un point lumineux en F", les rayons F"T', F"T, F"T", après avoir traversé HI, auront des directions S'R',SR, S"R" parallèles entre elles et à la principale F"T. Les directions S'R',S"R" seraient divergentes ou convergentes, comme dans les *fig.* 25 et 26, par rapport au rayon principal SR, si le point lumineux était placé en *g* ou en *g'*, entre la lentille HI et le point F″, ou au-delà de ce dernier point : d'où l'on peut conclure, comme des *fig.* 25 et 26, que des rayons également convergens ou divergens par rapport à RS, *fig.* 27, seraient concentrés par la lentille HI en un endroit *g* ou *g'*, situé entre HI et le point F″, ou au-delà de ce dernier point.

Les points tels que F″, *fig.* 27, où la lentille HI réunit les rayons R′S′, RS, R″S″, parallèles entre eux, et inclinés sur CF, sont autant de *foyers* que l'on désigne souvent ainsi ; mais, dans cette circonstance, le point F prend le nom de *foyer principal.* Il faut cependant entendre le point F, quand on parle d'un seul *foyer.*

52. Lorsque l'on veut approcher un corps F, *fig.* 28, trop près de l'œil O pour l'examiner, les rayons F*t'*, F*t″*, qui partent du même point, ont une si grande divergence sur F*t*, que la cornée et le cristallin ne peuvent pas les infléchir assez pour que leur réunion ait lieu sur la *rétine* (1), laquelle se trouvant alors en-deçà du foyer qu'ils

_____

(1) A moins que l'on ne soit *miope.* On appelle ainsi ceux dont l'œil est tellement construit, que les objets ne se peignent distinctement sur la *rétine* (qui est une espèce de toile sur laquelle se dessinent les corps extérieurs, suivant l'opinion la plus commune, quoique de célèbres anatomistes aient pensé que c'était sur *la choroïde*) que quand les rayons arrivent à l'œil sous une grande

forment, reçoit l'impression d'un petit cercle au lieu de celle d'un point, et comme il s'en produit autant par rapport aux rayons de chacun des autres points de F, il s'ensuit que ces divers faisceaux occasionnent un nombre indéfini de petits cercles qui empiètent les uns sur les autres, et rendent la vision confuse : mais en interposant une lentille *hi*, fig. 29, appelée *loupe*, dont la distance focale et les dimensions sont ordinairement petites (1), entre l'œil O et l'objet F, les rayons tels que Ft', Ft, Ft'' qui partent de chacun des points de F, prennent les directions $s'r'$, sr, $s''r''$ qui sont parallèles, divergentes ou convergentes, suivant que le corps F se trouve placé au foyer, en-deçà ou au-delà, par rapport à *hi*; de sorte que l'on conçoit facilement la possibilité de mettre

---

divergence, ce qui leur empêche de voir nettement les corps éloignés.

Les *presbites*, au contraire, sont ceux qui ne voient distinctement les objets que quand les rayons arrivent à l'œil parallèles ou peu inclinés entre eux ; ce qui leur empêche de voir nettement les corps qui sont près d'eux : on peut donc dire que tous les hommes sont *presbites*, par rapport aux objets placés à une trop petite distance de l'œil, laquelle dépend de la conformation de la vue dans chaque individu.

(1) Je dis ordinairement, car il y a des loupes d'assez grandes dimensions, que l'on destine à grossir les objets en embrassant beaucoup d'étendue, comme pour lire.

hi à une distance de F, telle que $s'r'$, sr, $s''r''$ et les rayons de chaque point de F qui parviennent à la lentille prennent des directions convenables à la vue (lesquelles doivent être peu divergentes en général, ce qui exige que F soit sensiblement au foyer) pour que l'image de chacun des points de F se peigne nettement sur la *rétine*, et fasse voir distinctement toutes les petites parties de sa surface en les montrant sous de plus grandes dimensions qu'à la vue simple par les déviations que *hi* fait éprouver aux rayons Ft', Ft'', et à leurs analogues qui partent des différens points de F ; ce qui produit le même effet que si l'objet F était placé à la distance convenable pour la netteté de la vision.

L'interposition de la *loupe hi*, en augmentant les dimensions des diverses parties de l'objet F, les fait encore voir plus clairement qu'à la vue simple ; car les rayons tels que Ft', Ft'', *fig.* 29, n'arriveraient pas à l'œil sans leurs inflexions : il est vrai qu'à chaque réfraction aux surfaces de *hi* , une partie des rayons se réfléchit ; mais cette perte est plus que compensée par la grande quantité de ceux que les déviations seules font parvenir à l'œil.

D'après ces détails généraux, on peut facilement se rendre compte de l'utilité d'interposer une *loupe* entre l'œil et l'arc du vernier, pour voir, sous de plus grandes dimensions qu'à la vue simple et très distinctement, les divisions du vernier et du limbe, afin de reconnaître celle des premières qui correspond à l'une des secondes.

53. En plaçant la lentille **HI**,*fig.* 3o, à une grande distance de la ligne **R'R''**, les rayons RS',RS,RS'' qu'envoie le point **R**, formeront un foyer **F**(1) sur la direction **TF** du rayon principal **RS** (on désigne ainsi le rayon de chaque point de R'R'' qui passe par le centre **C** de la lentille); les rayons **R''S'**,R''S,R''S'' qu'envoie le point **R''**, formeront un foyer **F''** sur la direction **TF''** parallèle à R''S , que prend le rayon principal R''S qui part du point R''; les rayons R'S',R'S,R'S'' formeront de même un foyer en **F'** ; et comme les rayons envoyés par chaque point de **R'R''** formeront de même un foyer , compris entre F'' et F', sur la direction du rayon principal qui partira de ce point, la réunion de ces divers foyers composera dans l'air une image (appelée quelquefois aérienne) renversée **F''F'** de R'R'', que l'on pourrait recevoir sur une surface plane ; mais qui ne sert à représenter R'R'' que pour être vue au moyen d'une loupe *hi* , placée de manière que son centre *c* , et son foyer *f* soient sur la ligne **CF**, et à la distance convenable de **F** (qui doit être telle que les foyers se correspondent à-peu-près), du côté opposé à **HI** , pour que **F''F'** paraisse distinctement (2).

---

(1) **On** suppose dans la *fig.* 3o que le milieu R de R'R'' est sur la direction de la droite **CF** ; mais les résultats seraient les mêmes , d'après ce que l'on a vu ,*fig.* 27 , s'il ne s'y trouvait pas , avec cette différence , que le milieu F de F''F' ne correspondrait plus au foyer principal.

(2) La petite distance que l'on a été obligé de mettre

Les lentilles HI, *hi*, disposées, comme dans la *fig.* 30, sont les deux principales pièces d'une *lunette*, qui fait voir les lignes renversées, et, par conséquent, les surfaces des corps placés comme R'R'', puisqu'elle renverse chacune des lignes imaginées sur leurs surfaces qui sont du côté de la lunette. On appelle *foyer de la lunette*, la réunion des points tels que F'', F, F', et *axe*, la droite CF'*cf*, qui passe par les centres et les foyers principaux des lentilles III, *hi*, dont la première prend le nom d'*objectif*, et la seconde celui d'*oculaire*.

54. En réunissant ainsi deux lentilles HI, *hi*, *fig.* 30, elles ne produisent pas tout l'effet qui peut en résulter; car l'impression sur la rétine de l'image aérienne F''F' vue au moyen de la loupe *hi*, se trouve

---

entre R'R'' et HI, a contraint de donner aux surfaces de la lentille HI plus de courbure qu'elles n'en ont ordinairement, ce qui a rapproché le foyer, et diminué les dimensions de l'image renversée F''F'; d'où il est résulté une trop grande divergence dans les rayons qui forment F''F', pour être prolongés jusqu'à la loupe *hi*, afin de montrer leur marche avant d'arriver à l'œil et l'angle sous lequel on voit l'objet R'R''.

Pour suppléer à ces inconvéniens, voyez, *fig.* 35, HI, *hi*, la position de l'œil, le prolongement des rayons qui forment l'image *f''f''*, analogue à F''F', *fig.* 30, l'angle *zOp*, qui est celui sous lequel la lunette fait voir l'objet, et dont la comparaison avec celui qu'il aurait à la vue simple, donne le grossissement de la lunette.

affaiblie (surtout le jour) par les rayons étrangers
qui arrivent en même temps dans l'œil, soit directement, ou après avoir traversé *hi*; c'est pourquoi l'on est obligé d'éviter au moins ce dernier
inconvénient en plaçant HI et *hi* dans un cylindre, qui est ordinairement en cuivre, de manière
que l'oculaire *hi*, que l'on appelle aussi *loupe*,
puisse s'approcher ou s'éloigner à volonté de
HI, afin que chaque personne le mette à la distance
convenable à sa vue, pour voir distinctement l'i-
mage F″F′; ce que l'on fait par des essais successifs.

On nomme *champ d'une lunette*, l'espace qu'elle
permet à l'œil d'embrasser; d'où il suit que dans
les lunettes, *fig.* 30, le *champ* dépend de la largeur
de l'oculaire, puisque les derniers pinceaux partent
de ses bords en convergeant vers la prunelle.

Dans les lunettes, il y a souvent plusieurs
fils placés à leur foyer, c'est-à-dire, dans le plan
mené par le point F, perpendiculairement à
l'axe CF*cf*, *fig.* 30, dont les directions sont parallèles ou perpendiculaires entre elles, suivant
leur usage et celui auquel la lunette est destinée.
Ainsi, l'on met deux fils, *fig.* 31, perpendiculaires entre eux, et qui passent chacun par le foyer
principal F pour le déterminer. Pour marquer en
outre des points situés sur une même droite, passant par le foyer principal F, et qui soient également éloignés de ce dernier point; au lieu de
placer un seul fil perpendiculaire au premier, on

en ajoute d'autres , *fig.* 32 et 33 , aux distances convenables de F : c'est ainsi que dans beaucoup de lunettes astronomiques il y a un fil, passant par F , divisé ordinairement par trois ou cinq autres qui lui sont perpendiculaires , parmi lesquels celui du milieu indique le foyer principal F , et les autres des points qui en sont deux à deux également éloignés. Dans les lunettes des instrumens à réflexion, on ne met ordinairement que deux fils parallèles entre eux , qui sont placés à des distances égales du foyer principal F , *fig.* 34, pour indiquer que ce point est situé sur la droite qui passe par leur milieu. Enfin , les lunettes des instrumens à réflexion destinés à être placés sur un pied , sont munies , *fig.* 34 *bis* , de deux fils parallèles ; et de deux autres perpendiculaires entre eux.

55. Il résulte des détails précédens , que des rayons RS',RS,RS'', *fig.* 3o, sensiblement parallèles entre eux , et dont le principal RS coïncide avec l'axe de la lunette, ou qui viennent d'un point éloigné R situé sur la direction *fc*FC, se réunissent au foyer principal F; que des rayons R''S',R''S,R''S'' sensiblement parallèles entre eux , et dont le principal R''S est incliné sur l'axe *f*C de la lunette, ou qui viennent d'un point éloigné R'' situé hors de la direction *fc*FC, forment un foyer F'', d'autant plus éloigné du principal F, que l'angle de R''S avec *fc*FC est plus grand.

Réciproquement, lorsque des rayons RS′, RS, RS″ sensiblement parallèles entre eux ou envoyés par un point R, se réunissent au foyer principal F, l'axe fC de la lunette est parallèle à la direction du rayon principal RS ou passe par le point R; et quand des rayons R″S′, R″S, R″S″ sensiblement parallèles entre eux ou envoyés par un point R″, se réunissent en un autre endroit F″ que le foyer principal F, l'axe fC de la lunette est incliné sur la direction du rayon principal R″S ou ne passe pas par le point R″: d'où il suit que pour diriger l'axe fC d'une lunette vers un point R, il faut la placer de manière que les rayons envoyés par ce point se réunissent au foyer principal F, qui est toujours déterminé dans les lunettes destinées à cet usage, soit par l'intersection de deux fils perpendiculaires entre eux, *fig.* 31, ou par deux fils parallèles, *fig.* 34, qui en sont à des distances égales. Il faut remarquer que dans cette dernière circonstance, les fils parallèles indiquent seulement des points également distans de chacun d'eux, parmi lesquels se trouve le foyer principal; mais cela suffit pour les observations avec les instrumens à réflexion, puisque le plan de l'angle mesuré est parallèle à celui de l'instrument, lorsqu'on observe le contact à des distances égales des fils, quand ils sont parallèles au cercle.

56. On appelle *grossissement d'une lunette*, le rapport de l'angle sous lequel elle fait voir un objet à celui sous lequel il paraît à la vue simple.

On prouve assez facilement (nous ne le démon-
trerons pas, à cause du peu d'avantage que l'on
en pourrait tirer) que ce rapport est le même que
celui des distances focales CF de l'objectif et cF
de l'oculaire, *fig.* 30; ce qui donne le moyen d'avoir
le grossissement d'une lunette : mais comme la distance focale de l'oculaire est ordinairement très petite (surtout dans les lunettes qui grossissent plusieurs centaines de fois), il s'ensuit que la moindre
erreur dans sa détermination pourrait en occasionner une assez considérable sur le rapport cherché :
c'est pourquoi il vaut mieux le déterminer en observant, avec la lunette, l'angle sous lequel elle
fait voir un objet dont on connaît celui qu'il comprend à la vue simple, soit par une mesure directe,
ou d'après le calcul fondé sur la connaissance de
ses dimensions et de sa distance, pour en conclure le grossissement ; mais les détails dans lesquels il faudrait entrer à ce sujet, sont trop longs
pour trouver leur place ici, c'est pourquoi nous dirons seulement que dans la lunette du cercle qui
grossit environ quatre fois (1), la distance des
deux fils est ordinairement de 1°...30′ à 2°.,
c'est-à-dire que quand deux groupes différens de
rayons parallèles, ou ceux qui viennent de deux

---

(1) La lunette du cercle est quelquefois munie de deux
oculaires, dont l'un grossit ordinairement quatre fois, et
l'autre six ; ce qui permet d'employer l'un ou l'autre.

objets éloignés, sont concentrés sur chacun des fils, l'angle qu'ils font entre eux est de 1°...30′ à 2°.

57. Nous avons dit ci-dessus que les rayons lumineux étaient décomposés en traversant un prisme ou une lentille; ce qui empêche de voir les corps nettement terminés , en produisant dans les lunettes, telles que nous les avons construites, des couleurs sur les bords des objets , par le défaut de superposition exacte des images que forment les divers rayons colorés. Pour détruire cette *irradiation de réfrangibilité*, on fait ordinairement les objectifs de deux verres de nature différente (appelés l'un *flint-glass*, qui est une espèce de verre dans lequel il entre environ un tiers de *minium* ou d'*oxide rouge de plomb*, et l'autre *crown-glass*, qui est de la nature du verre ordinaire employé par les vitriers), qui ont la propriété , en leur donnant la forme convenable , de faire disparaître ces couleurs , et de terminer nettement les corps que l'on observe : alors la lunette prend le nom de *lunette achromatique*. Mais les détails relatifs à cette destruction des franges irisées, ne peuvent être donnés que dans un traité de physique ou d'optique. Il y a aussi des *lunettes achromatiques* dont l'objectif est composé d'un verre biconcave de flint-glass placé entre deux verres biconvexes de crow-glass. Elles sont préférables aux précédentes.

On pourrait de même faire les oculaires et les

loupes *achromatiques* (ces dernières le sont quelquefois); mais cela n'est pas indispensable, à cause
du court trajet que parcourent les rayons qui les
quittent avant d'arriver à l'œil.

58. Le renversement des objets par les lunettes
à deux verres convexes, *fig.* 30, a peu d'inconvéniens dans l'observation des astres ; car il est indifférent que le bord inférieur paraisse le supérieur,
et réciproquement : mais il n'en est pas ainsi, relativement aux corps terrestres que l'on a coutume
de voir dans leur position naturelle, lesquels étant
renversés, se montrent sous un aspect différent,
qu'il est quelquefois difficile de comparer à leur ap-
parence ordinaire.

Pour éviter cet inconvénient, au lieu de placer,
comme dans la *fig.* 30, une seule lentille HI,
fig. 35 (1), qui réunisse au point G', peu distant
de son foyer, les prolongemens des rayons sensiblement parallèles, ou qui forment entre eux de
petits angles, et dont la réunion compose l'image
renversée F″F′ de R′R″, on en met une troisième
H″I″ égale à HI, au-delà de G', de sorte que
recevant les faisceaux de rayons qui passent par
G', elle leur fait subir deux inflexions contraires

_____

(1) Dans la *fig.* 35, l'objet analogue à R′R″, de la *fig.*
30, est à une trop grande distance de HI pour être représenté ; mais on y a indiqué par les mêmes lettres les
directions des rayons qu'il envoie.

à celles qu'ils ont éprouvées en traversant H'I';
d'où il suit que la réunion de leurs foyers forme
une ligne renversée ff'' de F''F', laquelle a, par
conséquent, la même position que l'objet direct
R'R'', et peut être vue au moyen de la loupe hi,
placée convenablement ; comme dans la *fig.* 3o.

Ce même double renversement ayant lieu pour
toutes les lignes imaginées sur la surface des corps
qui se trouvent en présence de la lunette, *fig.* 35,
elle les fait voir dans leur position naturelle.

Les deux lentilles ajoutées H'I', H''I'', prennent,
comme hi, le nom d'*oculaires*.

L'inconvénient de ces lunettes consiste dans la
perte des rayons qui se réfléchissent à chacune des
surfaces des lentilles H'I', H''I''; c'est pourquoi on
ne les construit ordinairement que pour voir les
objets terrestres, dont la position renversée serait
un trop grand obstacle à la vision.

Dans cette lunette, comme pour toute autre, le
grossissement est le rapport de l'angle zOp (1),
sous lequel elle fait voir l'objet, à celui sous lequel
il paraît à la vue simple.

---

(1) Il ne faut pas confondre le grossissement de la lunette, qui est le rapport de l'angle zOp, *fig.* 35, à celui
sous lequel on verrait l'objet à la vue simple, avec l'angle
que font entre eux les rayons principaux R'S,R''S, *fig.*
3o et 35, des deux groupes qui partent des points R', R'',
et qui sont concentrés aux points F',F'', ou f',f''; car ce dernier est le même que celui sous lequel paraît R'R'' à la vue

Les trois oculaires HʹI,ʹHʺIʺ, *hi*, peuvent s'approcher ou s'éloigner en même temps de l'objectif HI, comme l'oculaire *hi*, *fig.* 30, pour permettre de les placer de manière que les rayons de RʹRʺ quittent *hi*, sous l'inclinaison convenable à la vue de chaque individu.

Première remarque. On redresse aussi les objets au moyen d'un seul oculaire concave; mais nous n'entrerons dans aucun détail à ce sujet, qui ne peut être utile aux observateurs, car on ne s'en sert ordinairement que pour les lunettes de spectacle.

Deuxième remarque. Ce qui précède se rap-

---

simple, en supposant RʹRʺ assez éloigné pour négliger la longueur de la lunette-

Il est facile de voir qu'en faisant tourner la lunette dans le plan de la direction de son axe *f*FC et de la droite RʹRʺ, d'un angle égal à celui que font entre eux les rayons principaux RS, RʺS, ce qui revient à diriger l'axe *f*C, *fig.* 30 et 35, vers Rʺ, les rayons RʺSʹ, RʺS,RʺSʺ seraient concentrés au foyer principal F ou *f*, et ceux RSʹ,RS,RSʺ du point R le seraient en Fʹ ou *f*ʹ : en dirigeant l'axe *f*C vers Rʹ, la lunette concentrerait de même les rayons de ce point an foyer principal F.

On voit, d'après cela, que le grosissement d'une lunette n'influe pas sur la mesure d'un angle, lorsqu'on le détermine en la faisant tourner dans le plan de cet angle, comme cela a lieu pour les observations avec le cercle, car elle ne fait que concentrer à son foyer les groupes de rayons sensiblement parallèles qui arrivent dans son champ. Il n'en serait pas de même si la lunette était construite de manière qu'elle donnât l'angle *z*O*p*, *fig.* 35.

porte aux lunettes que l'on a construites d'abord ;
et il resterait à indiquer les améliorations successives que l'on y a apportées, comme de faire, dans
celle du cercle, l'oculaire de deux verres plans
vers l'œil, et convexes du côté opposé, de les
mettre à distance l'un de l'autre, et de placer entre
eux les fils du foyer ; mais cela nous entraîne-
rait dans des détails qui ne peuvent trouver
leur place que dans un traité complet de physique
ou d'optique ; d'ailleurs l'application et l'usage que
l'on en fait, qui peuvent seuls intéresser les observateurs, sont les mêmes que ceux des lunettes
décrites ci-dessus ; car ces changemens n'ont pour
but que de faire voir les objets plus nettement,
ou de donner un grossissement plus considérable.

59. Les personnes qui regardent , surtout pour
la première fois, des objets et particulièrement des
corps terrestres dans une lunette, sont souvent
surprises de ne pas les voir d'une grandeur dé-
mesurée, comme elles s'y attendaient ; mais cela
vient de ce que la lunette, qui fait voir clairement
l'objet, et sous un plus grand angle, les porte
insensiblement à croire qu'il s'est approché, et
que ce changement a produit celui qui en résulte
dans l'œil, par l'habitude contractée de juger de la
grandeur réelle d'un corps, d'après sa distance apparente et l'angle sous lequel il paraît. Cette habitude produit quelquefois des illusions d'optique

qui sont telles que les mêmes objets semblent souvent éprouver des variations de grandeur, lorsqu'ils se trouvent dans des circonstances d'après lesquelles on estime mal leur éloignement: c'est ainsi, par exemple, que la Lune paraît plus grande à l'horizon que quand elle a une certaine hauteur, quoique l'angle sous lequel on la voit, augmente à mesure qu'elle s'élève : cette illusion est occasionnée par la grande distance à laquelle on juge involontairement la Lune, lorsqu'elle est à l'horizon, par le nombre d'objets terrestres interposés entre elle et l'œil, lesquels manquent quand elle s'élève, et par l'affaiblissement de sa lumière qu'occasionnent les réflexions successives de l'atmosphère, qui sont d'autant plus considérables (comme on le prouve en physique) que les angles des rayons avec les plans tangens aux couches d'air concentriques à la surface de la terre sont moindres.

Remarque. On peut détruire cette illusion en regardant la Lune lorsqu'elle se lève, au moyen d'une feuille de papier roulée à la main en cylindre, de manière qu'en plaçant l'œil à l'une de ses extrémités, l'autre paraisse sensiblement envelopper le disque de l'astre ; puis entourant ce cylindre de plusieurs tours de fil, afin qu'il conserve ses dimensions pour recommencer la même expérience à diverses hauteurs de la Lune, et s'assurer par-là que la grandeur apparente de son diamètre ne varie pas d'une manière appréciable à cette méthode

8.

grossière, qui ne peut faire reconnaître sa petite augmentation d'un soixantième de l'horizon au zénit.

60. Dans les instrumens à réflexion exécutés avec soin, on remplace la pinnule par une lunette PP′, *fig.* 36, *pl.* 3, dont l'axe est parallèle au plan du cercle (voyez ci-après le moyen de s'assurer de cette condition, ou de la remplir), laquelle étant ordinairement formée de deux oculaires plans vers l'œil, convexes du côté opposé, et d'un objectif lenticulaire, renverse les objets comme les lentilles de la *fig.* 30, d'où il suit que chaque côté apparent d'un corps dans la lunette est réellement l'opposé.

Ce renversement des objets par la lunette, fait que dans le premier moyen donné pour rectifier la perpendicularité du petit miroir, par exemple, il penche en avant ou vers le grand, quand l'image, réfléchie sur les glaces, paraît entre la directe et le plan de l'instrument : dans le cas contraire, il penche en arrière ou du côté opposé au grand.

On met ordinairement au foyer de la lunette du cercle, deux fils parallèles entre eux, et également distans du point F, *fig.* 34 : l'angle qu'ils soutendent est de 1°...30′ à 2°. : à ces deux fils on en ajoute quelquefois deux autres perpendiculaires entre eux, *fig.* 34 *bis*, dont l'intersection détermine le foyer principal qu'il est nécessaire de connaître pour mesurer des hauteurs avec le pied.

La lunette du cercle est supportée par deux vis

V, V', *fig.* 36, qui servent à différens usages,
comme nous le verrons par la suite, et dont il est
facile de voir tous les détails, au moyen de la *fig.* 37,
qui représente les formes ou les sections de la monture du grand miroir et des diverses parties de l'a-
lidade PQ, *fig.* 36, dans le sens des plans perpendiculaires à celui de l'instrument.

La lunette d'un sextant n'a ordinairement qu'un
support, et elle ne peut que s'éloigner ou s'approcher de l'instrument, en restant parallèle à elle-
même.

L'ouverture de la lunette est souvent plus grande
qu'il ne convient pour empêcher la production des
lumières blanches que l'on voit quelquefois, et qui
nuisent en établissant le contact des objets. C'est
pourquoi il y a ordinairement dans la boîte du
cercle un tuyau cylindrique que l'on met au bout
de la lunette et dont l'extrémité recourbée vers
l'axe couvre les bords de l'objectif auxquels cet
inconvénient est dû en grande partie.

61. On appelle lunette d'épreuve une lunette pp',
fig. 38, *pl.* 3 (qui manque ordinairement dans les
instrumens à réflexion garnis d'une lunette, et dont
on devrait les munir), tellement placée dans les
parallélipipèdes rectangles Rr, $R'r'$, que son axe
est parallèle à chacun des plans menés par les
côtés correspondans R, R' et r, r' des supports
dont les faces opposées et perpendiculaires à l'axe
de la lunette sont des carrés égaux.

8..

Pour s'assurer si cette condition est remplie, et la réaliser au besoin, on place la lunette, par les côtés R, R', sur un plan fixe, *fig.* 38, et après avoir dirigé son axe vers un point immobile S, on lui fait faire une demi-révolution autour de *pp'*, en la posant sur la même surface, par les côtés *r*, *r'*, *fig.* 39, opposés aux premiers R, R'; puis en la dirigeant vers le même objet S, s'il se trouve encore dans la direction de l'axe, ce dernier sera parallèle aux deux plans déterminés par les côtés correspondans R, R' et *r*, *r'*; dans le cas contraire, on l'y ramènera en faisant tourner convenablement une vis *v* (1), adaptée à la monture des fils du foyer, pour que l'axe s'approche du point S, de la moitié de l'angle dont il en est éloigné dans la position de la lunette, *fig.* 39. Il faudra ensuite recommencer la même vérification, et faire une correction analogue à celle de ci-dessus, si elle est nécessaire.

On pourrait s'assurer, par une opération semblable, du parallélisme de l'axe de *pp'* avec chacun des plans déterminés par les autres côtés correspondans des supports R*r*, R'*r'*, ou l'établir s'il y avait une vis pour faire mouvoir l'intersection des fils du foyer parallèlement aux plans des côtés

----

(1) Dans les lunettes de M. Lenoir, on fait cette rectification, en tournant l'objectif dans le tuyau de la lunette; mais nous ne pouvons pas expliquer ici la forme de la lentille qui fait changer la direction de l'axe.

R,R′ et *r,r′*; mais cela est inutile lorsqu'on veut seulement en faire usage pour placer l'axe de la lunette d'un instrument dans la direction parallèle à son plan, pourvu qu'on pose sur le cercle les côtés R,R′ ou *r,r′*.

62. On s'assure si l'axe de la lunette d'un instrument est parallèle à son plan, et on l'y ramène de la manière suivante, en faisant usage de la lunette d'épreuve.

Après avoir fixé l'instrument, par un moyen quelconque, dans une position à-peu-près horizontale (1), on place la lunette d'épreuve rectifiée sur son plan, on dirige son axe vers un point immobile S′, *fig*. 36 (2), assez éloigné pour négliger l'angle sous lequel on verrait, de ce point, la différence des distances des axes des lunettes d'épreuve et du cercle au plan de ce dernier ; puis l'ôtant, on fait mouvoir l'alidade PQ, jusqu'à ce que le même objet S′ paraisse dans le champ de la lunette PP′, et si, dans ce mouvement, on peut

---

(1) On le met sur une table, quand il a des supports, comme le sextant : pour le cercle qui n'en a pas, on peut poser son limbe sur trois corps solides placés sur une table, de manière qu'ils n'empêchent pas le mouvement de l'alidade de la lunette, lorsqu'on la dirige vers le point fixe observé.

(2) On s'est abstenu de placer la lunette d'épreuve *pp′*, *fig*. 38, sur le cercle pour ne pas trop surcharger la *fig*. 36.

placer PP' de manière que le point S' paraisse sur la direction de l'axe ou au milieu des fils du foyer, qu'on suppose avoir été mis à la vue parallèlement au cercle, l'axe de la lunette PP' sera parallèle au plan de l'instrument : dans le cas contraire, il faudra visser ou dévisser l'une des vis V, V', qui supportent la lunette P P', jusqu'à ce que son axe rencontre le point S'.

Si le point S' paraît entre l'axe de la lunette P P' et le cercle, cet axe, à cause du renversement des objets par la lunette, s'approchera du plan de l'instrument, à partir de l'extrémité P ; il faudra donc rapprocher du cercle l'oculaire P, au moyen de la vis V, ou en éloigner l'objectif P', en tournant la vis V'.

L'axe de la lunette s'éloigne, au contraire, du plan de l'instrument, à partir de l'oculaire P, quand le point S' paraît au-delà de cet axe, par rapport au cercle.

Remarque. On ne peut pas mouvoir la lunette d'un sextant comme celle du cercle ; c'est pourquoi il faut diriger son axe vers un point fixe et éloigné, placer la lunette d'épreuve sur l'instrument de manière que le même objet paraisse dans son champ, s'il coïncide avec l'axe, celui de la lunette du sextant sera parallèle au plan de l'instrument ; dans le cas contraire, on ne pourra pas rectifier sa position, puisque la monture ne permet pas d'incliner la lunette sur elle-même.

63. Lorsqu'on n'a pas de lunette d'épreuve, il faut fixer l'instrument et mettre les viseurs (dont la hauteur est ordinairement égale à la distance de l'axe de la lunette au plan du cercle) sur deux endroits du limbe éloignés l'un de l'autre, puis observer des points placés dans la direction du plan mené par leurs bases supérieures; et s'il arrive qu'en faisant mouvoir convenablement l'alidade P Q, *fig.* 36, ces points passent au foyer principal ou à des distances égales des fils du foyer de PP', ce sera une preuve que l'axe de la lunette décrit dans ce mouvement un plan qui coïncide avec celui des bases supérieures des viseurs, et qui est, par conséquent, parallèle à celui de l'instrument : dans le cas contraire, l'axe de PP' (à cause du renversement des objets par la lunette) s'approche ou s'éloigne de l'instrument, à partir de l'oculaire P, selon que les points observés paraissent en-deçà ou au-delà de l'axe, par rapport au plan du cercle: si le premier cas a lieu, il faut rapprocher de l'instrument l'oculaire P au moyen de la vis V, ou en éloigner l'objectif P' en tournant la vis V' jusqu'à ce que les points observés dans le plan des bases supérieures des viseurs, passent sur la direction de l'axe : on agira d'une manière inverse dans le second cas.

Enfin, si les viseurs manquent, on remarque des points dans la direction du plan de l'instrument et assez éloignés pour négliger la distance de l'axe de la lunette au cercle, puis on observe si, en faisant mouvoir l'alidade du petit miroir, ces points passent sur la direction de l'axe de PP' ou non : dans le premier cas, sa lunette sera placée convenablement, et, dans le second, on rectifiera sa position comme ci-dessus.

Pour un sextant, il faut que son plan passe par le point qui paraît au foyer de sa lunette, ou par ceux que l'on observe à des distances égales des fils, lorsque ces derniers sont parallèles à l'instrument.

64. Outre l'usage des vis V,V'. *fig.* 37, pour rendre l'axe de la lunette parallèle au plan du cercle, elles servent encore à l'éloigner ou à l'approcher de l'instrument, suivant que l'on veut augmenter ou diminuer l'intensité de l'image directe, pour la rendre égale, ou seulement moins différente de celle de l'objet réfléchi ; car en éloignant ou en approchant l'axe de la lunette du plan du cercle, la surface de l'objectif, qui dépasse la partie étamée du petit miroir, augmente ou diminue ; d'où il résulte que cet objectif reçoit plus ou moins de rayons directs.

Sur les supports de la lunette, *fig.* 37, il y a des divisions également éloignées l'une de l'autre, parmi lesquelles il s'en trouve une de numérotée zéro sur chacun d'eux, pour indiquer que l'axe de la lunette est parallèle au plan de l'instrument quand les divisions des écrous leur correspondent.

Avant de se servir du cercle, il faut s'assurer si cette condition est remplie, et, dans le cas contraire, noter le point de l'un des supports auquel répond la division de l'écrou, lorsque celle de l'autre coïncide avec le zéro, et que l'axe de la lunette est parallèle au plan de l'instrument : d'où l'on conclut facilement que cette condition est encore satisfaite, après que l'on a fait mouvoir les vis de manière que les divisions des écrous se trouvent à des distances égales des zéros des supports, ou des points ci-dessus auxquels on les a trouvées correspondre.

65. Il faut toujours observer le contact des objets le plus près possible de l'axe de la lunette, ou au moins à des distances égales des fils du foyer, dont la direction doit être rendue, à vue d'œil, parallèle au plan de l'instrument ; car, sans cette attention, on aurait un angle trop grand, comme étant mesuré dans le plan du cercle, qui serait incliné sur celui qui passe par les deux objets et par l'œil de l'observateur. A la vérité, le chevalier de Borda a calculé une table (dont suit l'explication et l'usage) pour corriger un angle de cette erreur ; mais on doit en éviter l'emploi autant qu'il est possible.

Pour se servir de cette table (qui est à la fin de la description), on commence par déterminer la distance angulaire des fils, en rendant les glaces parallèles entre elles, et les fils du foyer perpendiculaires au cercle; puis visant à un objet éloigné, et faisant mouvoir l'une des alidades, jusqu'à ce que les deux images de cet objet vues, l'une directement, et l'autre par réflexion, paraissent sur chacun des fils, et l'arc parcouru par l'alidade donnera la distance cherchée. On peut croiser la mesure de cette distance angulaire, en faisant mouvoir successivement les alidades jusqu'à ce que les images directe et réfléchie de l'objet aient changé de fil.

Dans chaque observation on remarquera, à vue d'œil, le rapport des distances du point de contact des objets à chacun des fils, d'où l'on conclura facilement l'inclinaison du plan du cercle, qui est celui dans lequel l'angle a été mesuré, sur celui qui passe par l'œil et par les deux objets.

Exemple. Si dans un angle observé de $112°...23'$ le contact a eu lieu au tiers de la distance d'un fil à l'autre, celle du milieu des fils au point de contact sera $\frac{1}{2}-\frac{1}{3}=\frac{3}{6}-\frac{2}{6}=\frac{1}{6}$ de l'angle des fils, qui, étant supposé de $2°...0'$, donne $0°...20'$ de déviation, pour laquelle la correction $10''$ réduit l'angle à $112°...22'...50''$.

66. Après avoir donné les moyens de déterminer la valeur des divisions d'un niveau, de vérifier l'exactitude de la division du limbe, de rendre les miroirs perpendiculaires et l'axe de la lunette pa-

rallèle au plan de l'instrument, nous allons passer
à ceux qu'il faut employer pour s'assurer du parallélisme des surfaces opposées des glaces et des
verres colorés, et nous examinerons en même
temps les erreurs que produisent, dans les observations, des glaces et des verres colorés prismatiques. Quoique les détails dans lesquels nous allons entrer soient moins importans que ceux qui
nous ont occupés jusqu'à présent, il ne faut cependant pas les négliger lorsqu'on veut faire des
observations exactes.

67. On s'assure du parallélisme des surfaces
opposées du grand miroir, en observant, avec
l'instrument bien rectifié, un grand angle invariable, comme la distance angulaire de deux
points terrestres, par exemple ; puis ôtant la
grande glace de la boîte qui la renferme, et l'y
remettant de manière que l'extrémité qui était la
plus près de la lunette en soit la plus éloignée ;
déterminant une seconde fois la mesure du même
angle, après avoir bien fait les rectifications convenables, si elle est égale à la première, on en conclura
que les surfaces opposées du grand miroir sont parallèles entre elles; sinon elles seront inclinées, et
produiront sur chaque mesure de l'angle une erreur
égale à la moitié de la différence des deux résultats
obtenus (1).

_____

(1) Au lieu d'observer un seul angle, il faudra en me—

Démonstration. Quand les surfaces opposées du grand miroir MV, *fig.* 58, *pl.* 5, sont parallèles, le rayon réfléchi, en quittant sa surface antérieure MN (après qu'il a traversé deux fois le verre) pour aller au petit *mn*, fait avec elle un angle NUL égal à celui MTS, qu'il faisait avant d'y arriver; d'où l'on conclut que dans l'une et l'autre des observations ci-dessus, il faut placer la grande glace dans la même position, par rapport à la petite, pour que l'image réfléchie paraisse sur la direction de celle qui est vue directement.

Mais lorsque les surfaces opposées du grand miroir sont inclinées entre elles, et que sa section, par un plan parallèle à celui de l'instrument, a la forme du trapèze MV, *fig.* 59; si on le place de manière que ST, en suivant la route STC'UL, se réfléchisse en L sur *mn*, en prenant la direction LP qui coïncide avec celle des rayons de l'objet S' vu directement; puis, que l'on change de place les extrémités de MV, comme VM, *fig.* 60, le représente, et que l'on conçoive la surface antérieure NM de VM, tellement placée qu'elle fasse avec ST l'angle STN égal à STM de la *fig.* 59; alors TC' aura encore la même direction dans les deux figures; mais celle de C'U, *fig.* 60, sera plus rap-

---

surer un grand nombre, et chacun plusieurs fois, avant de changer la grande glace dans sa boîte; puis les déterminer de nouveau, quand le grand miroir sera retourné.

prochée de C'T que dans la *fig.* 59, il en sera de
même de UL (1); par conséquent cette dernière
direction, *fig.* 60, quand même elle rencontrerait la
surface du petit miroir *mn*, elle ne s'y réfléchirait
plus en prenant la route des rayons S'P; il faudrait
donc tourner la grande glace VM, *fig.* 60, et la
mettre dans la position V'M', pour que la réflexion
de UL sur *mn* coïncidât avec la direction des
rayons S'P, qui viennent de l'objet direct S'; d'où
il suit que la seconde position du grand miroir
par rapport au petit, différera de la première de
la quantité dont VM a été dérangé, laquelle dépend de la grandeur de l'angle observé, de l'inclinaison des surfaces de VM, et de sa puissance
réfrangible; mais la liaison est trop compliquée
pour trouver sa place dans ce paragraphe; c'est
pourquoi nous prendrons, pour la vraie mesure de l'angle cherché, la moyenne entre les
deux résultats obtenus, qui doivent peu différer;
car autrement l'inclinaison des surfaces opposées
de VM serait trop considérable, et il faudrait remplacer la grande glace par une autre; ce que l'on

---

(1) L'angle TC'U, *fig.* 59, excède TC'U, *fig.* 60, du
double de celui des droites ZV,MN, qui est l'inclinaison
des surfaces du grand miroir dans le sens des plans parallèles à celui de l'instrument; et UL est encore plus incliné sur C'U dans la *fig.* 59 que dans la *fig.* 60 (nous le dé-
montrerons ci-après).

doit faire d'ailleurs toutes les fois qu'elle est prismatique, lorsqu'on peut s'en procurer.

Remarque. La glace étamée MV, *fig.* 58, produit
évidemment le même effet qu'une surface réfléchissante, de métal par exemple, que l'on imaginerait
parallèlement aux surfaces de MV par le point C,
où les deux droites ST, UL prolongées se rencontreraient : or, cette intersection, qui varie dans l'intérieur de MV, dépend de l'angle que fait le
rayon réfléchi ST avec MN ; et comme MV ne
peut pas varier dans sa loge, Borda a fixé la position moyenne de cette intersection au tiers de
l'épaisseur du verre, à partir de la surface étamée (1); c'est pourquoi on met les deux tiers de
l'épaisseur de la grande glace en avant de l'axe
de rotation de sa monture, qui est aussi celui autour duquel tourne son alidade.

Il en est de même pour l'axe de rotation de la
monture de la petite glace, à l'égard de laquelle
l'intersection L des lignes CT, PU, *fig.* 52, 53,
54, 55, 56, 57, analogues à ST, UL, *fig.* 58,
ne varie pas sensiblement, puisque l'angle UL*n*,

(1) On calcule facilement la distance de cette intersection à chacune des surfaces de MV, pour tous les
angles que peut faire ST avec MN, puisqu'on connaît la
déviation que le verre fait éprouver au rayon réfracté,
pour toutes les inclinaisons sous lesquelles il le rencontre.

fig. 58, ou CT*n*, *fig.* 52, 53, 54, 55, 56, 57, qui remplace STM, *fig.* 58, est toujours de 80° environ.

Pour la correction d'un angle relative à l'erreur qui provient de l'inclinaison des surfaces opposées du grand miroir, je vais copier ce qu'a dit Borda au sujet de la table qu'il a donnée.

« Supposons, par exemple, que l'on ait fait
» dix observations dans chaque opération, et
» qu'on ait trouvé par les premières 1219°...10',
» et par les secondes 1219°...23' ; on divisera ces
» deux quantités par dix, et on aura pour la
» première mesure 121°...55', et pour la seconde
» 121°...56'...18", dont la différence 1'...18" sera
» le double de l'erreur du miroir ; d'où l'on voit
» que l'angle marqué par l'instrument était trop
» petit de 39" dans la première position du mi-
» roir, et trop grand de la même quantité dans
» la seconde.

» Connaissant ainsi l'erreur du miroir pour
» l'angle de 120°, on trouvera aisément, par le
» moyen de la table VI, celles qui conviennent
» à tous les autres angles.

» Supposons, par exemple, qu'on veuille, d'a-
» près l'expérience précédente, trouver l'erreur
» qui convient à l'angle de 90° mesuré par une
» *observation croisée* ; on fera cette proportion:
» L'erreur marquée par la troisième colonne de
» la table pour l'angle de 121°...55', mesuré par

» des *observations croisées* (c'est-à-dire, 1'...38″)
» est à l'erreur marquée dans cette même co-
» lonne pour 90° (c'est-à-dire 32″), comme l'er-
» reur de 39″, qu'on suppose donnée par l'expé-
» rience , est à un quatrième terme 13″, qui
» sera l'erreur du miroir pour l'angle de 90°.

» On pourra déterminer de la même manière
» les erreurs pour tous les autres angles , et faire
» ainsi une table particulière des erreurs de ce mi-
» roir , non-seulement pour les *observations croi-*
» *sées* , mais encore pour les *observations à droite*
» et *à gauche.*

» Nous ferons remarquer ici que les erreurs
» sont beaucoup plus petites dans les *observa-*
» *tions croisées* que dans les *observations à droite,*
» qui sont celles que l'on fait avec le sextant ; ainsi
» le cercle de réflexion a encore à cet égard un
» grand avantage sur l'ancien instrument. »

68. Après avoir prouvé qu'une grande glace
prismatique influe sur la mesure des angles , nous
allons d'abord examiner la quantité de l'erreur
qu'elle produit dans chaque contact, par l'inclinaison des rayons qui vont de sa surface antérieure à celle de la petite , sur la direction qu'ils
auraient si le grand miroir avait ses surfaces
opposées parallèles. Nous verrons que , pour
le même miroir , cette déviation dépend de
l'angle sous lequel le rayon de l'objet réfléchi rencontre la grande glace ; c'est pourquoi nous allons

déterminer la valeur de ce dernier, afin d'en conclure l'erreur que la déviation ci-dessus occasionne dans les observations, d'après celles qui ont lieu, lorsqu'on observe le parallélisme des miroirs et le contact des objets pour avoir leur distance angulaire.

69. Quand les miroirs MN,*mn* sont parallèles, *fig.* 46, *pl.* 4, le rayon S'C, qui se réfléchit sur MN, fait avec sa surface l'angle $S'CN = 90^\circ - S'CR = 90^\circ - \frac{1}{2}S'CL = 90^\circ - \frac{1}{2}CLP$ (1): CR est la normale à MN, et CLP l'angle, facile à déterminer dans chaque instrument, que font entre elles les lignes LC,LP menées parallèlement au cercle, par le point du petit miroir où l'on observe le contact, l'une à l'axe autour duquel tourne le grand MN, et l'autre à la pinnule P : cette dernière droite n'est autre chose que l'axe de la lunette, lorsqu'il y en a une.

Pour mesurer l'angle S'CS, *fig.* 46, par une *observation à gauche*, il faut diriger PL vers S', et reculer, à partir du parallélisme des miroirs, l'alidade CD jusqu'en CD', d'un nombre de degrés de la division de l'arc DD' égal à S'CS (2) ; ce qui

---

(1) Nous nous conformerons à l'usage d'employer l'ancienne division de la circonférence en 360°.

(2) On fait ordinairement cette observation avec le cercle, en tournant l'alidade PQ au lieu de CD ; mais, pour le cas présent, nous avons préféré ce dernier

9

donne $DD' = DCD' = NCN' = \frac{1}{2} S'CS$, puisque chaque degré de la division du limbe est de 30'. En menant la normale CR' à $M'N'$, on a $R'CR = N'CN = \frac{1}{2} S'CS$ (car l'angle de deux plans est égal à celui de leurs perpendiculaires) ; donc

$$SCR' = R'CL = \begin{Bmatrix} R'CR - RCL \\ RCL - R'CR \end{Bmatrix} = \begin{Bmatrix} \frac{1}{2}S'CS - \frac{1}{2}CLP \\ \frac{1}{2}CLP - \frac{1}{2}S'CS \end{Bmatrix} \quad (1),$$

selon que CR' est extérieur ou intérieur à l'angle

moyen, quoique l'alidade CD aille en sens contraire des divisions du limbe, parce qu'il fait mieux voir la position $M'N'$ de la grande glace, par rapport au rayon réfléchi SC, et à celle MN qu'elle avait lors du parallélisme des miroirs.

On peut renverser l'instrument et diriger PL vers S, pour faire cette observation ; mais, dans cette circonstance, comme pour celle de la *fig.* 46, on est obligé de faire mouvoir l'alidade CD en sens contraire de la division du limbe ; c'est pourquoi nous avons préféré l'*observation à droite* pour examiner la marche que suivent les rayons des objets direct et réfléchi, dans les deux positions différentes que l'on peut donner au cercle pour mesurer un angle en faisant mouvoir l'alidade du grand miroir.

Au lieu de faire mouvoir l'alidade du grand miroir, à partir du parallélisme des glaces, pour obtenir une *observation à gauche* ou *à droite*, si l'on tournait celle du petit, cela ne changerait ni les positions respectives des glaces, ni les angles qu'elles font avec les rayons direct et réfléchi.

(1) Pour éviter la confusion, on n'a pas tracé la route du rayon SC, quand elle est intérieure à $S'CL$.

RCL, ou, ce qui revient au même, que SC se trouve au dehors ou en dedans de S′CL; d'où il suit que SC rencontre M′N′ sous l'angle

$$SCM' = 90° - SCR' = 90° - (\tfrac{1}{2}S'CS - \tfrac{1}{2}CLP)$$
$$SCN' = 90° - SCR' = 90° - (\tfrac{1}{2}CLP - \tfrac{1}{2}S'CS).$$

Dans le premier cas, SCM′ est moindre, égal ou plus grand que S′CN (dont nous avons trouvé la valeur ci-dessus), suivant que $\tfrac{1}{2}$S′CS — $\tfrac{1}{2}$CLP excède, égale, ou est moindre que $\tfrac{1}{2}$CLP, ou, ce qui revient au même, quand $\tfrac{1}{2}$S′CS $\gtreqless$ CLP: pour le second cas, SCN′ surpasse toujours S′CN.

Pour mesurer le même angle S′CS par une *observation à droite*, on peut diriger PL vers S, *fig.* 47, et avancer, à partir du parallélisme des miroirs, l'alidade CD jusqu'en CD″, d'un nombre de degrés de l'arc DD″ égal à S′CS; ce qui donne DD″ = DCD″ = NCN″ = $\tfrac{1}{2}$S′CS. En menant la normale CR″ à M″N″, on a R″CR = N″CN = $\tfrac{1}{2}$S′CS; donc S′CR″ = R″CL = R″CR + RCL = $\tfrac{1}{2}$S′CS + $\tfrac{1}{2}$CLP; d'où il suit que S′C rencontre M″N″ sous l'angle S′CN″ = 90° — S′CR″ = 90° — ($\tfrac{1}{2}$S′CS + $\tfrac{1}{2}$CLP).

Si l'on avait mesuré cet angle par une *observation à droite*, en renversant le cercle, *fig.* 48, dirigeant PL vers S′, et avançant, à partir du parallélisme des miroirs, l'alidade CD jusqu'en CD″, d'un nombre de degrés de l'arc DD″ égal à S′CS, on trouverait de même DD″ = DCD″ = NCN″ = $\tfrac{1}{2}$S′CS = R″CR, puis SCR″ = R″CL = R″CR + RCL =

$\frac{1}{2}$ S'CS + $\frac{1}{2}$ CLP, et enfin SCN″ = 90° — SCR″ = 90° — ($\frac{1}{2}$S'CS + $\frac{1}{2}$ CLP).

On conclut de-là que, dans une *observation à gauche*, le rayon réfléchi rencontre la surface antérieure du grand miroir sous un plus grand angle que si elle avait été faite *à droite*.

Mais on prouvera ci-après, n°. 71, que le défaut du parallélisme des surfaces opposées de la grande glace influe d'autant moins sur les directions successives du rayon réfléchi, que ce dernier la rencontre sous un plus grand angle; donc, dans *l'observation à gauche* de la mesure d'un angle, ces déviations sont moindres que celles qui auraient eu lieu si elle avait été déterminée par une *observation à droite*.

Remarque. Borda a calculé sa table d'après les dimensions qu'il a adoptées pour le cercle, desquelles il a déduit l'angle CLP = 20°, *fig.* 46; c'est pourquoi elle ne peut rigoureusement servir que pour les instrumens construits dans les mêmes proportions; cependant, comme les artistes ne s'éloignent guère (si toutefois ils s'en écartent) de ces rapports (1), on peut toujours l'appliquer sans crainte à corriger l'erreur qui provient de l'inclinaison des

---

(1) Il est bon de dire en passant que les artistes s'éloignent peu, en général, des rapports donnés par Borda; car, lorsqu'on veut les changer, il en résulte souvent des inconvéniens.

surfaces opposées de la grande glace, dans le sens des plans parallèles au cercle et au sextant.

70. Dans la première des *fig.* 49, *pl.* 4, S'TC'ULP représente la marche du rayon S'C, *fig.* 46, qui rencontre la grande glace supposée prismatique, et telle que le trapèze ZN, *fig.* 49, est sa section par un plan parallèle à celui du cercle. Il est facile de voir que si la surface étamée ZV du grand miroir avait la direction XY parallèle à l'autre MN, et que cette dernière fût placée dans la même position, le rayon S'T suivrait la route S'TC'*ul*, pour laquelle *ul* ne se réfléchirait plus sur *mn*, en prenant la direction S'P du rayon direct ; et pour que cela eût lieu, il faudrait mouvoir l'alidade CD, *fig.* 46, dans le sens des divisions de la circonférence ou en l'éloignant du point D' : donc, le point du limbe auquel correspondrait le zéro du vernier de l'alidade CD, lorsqu'on rend les miroirs parallèles, si le grand n'était pas prismatique, est plus éloigné de D' que D, d'un arc facile à calculer pour chaque angle VC'Y, *fig.* 49, qui est l'inclinaison des surfaces opposées de la grande glace, dans le sens des plans parallèles à l'instrument ; puisqu'on connaît, *fig.* 46, S'CN = 90° — S'CR = 90° — $\frac{1}{2}$CLP, et la déviation que la matière du corps transparent de la grande glace fait éprouver aux rayons qui la pénètrent, pour toutes les inclinaisons sous lesquelles ils peuvent la rencontrer. (Voyez les traités de physique.)

En faisant un raisonnement analogue sur la se-

conde des *fig.* 49, on verra que si la surface étamée
Z'V' du grand miroir avait la direction X'Y' parallèle à M'N', et que cette derniere fût mise dans
la même position, il faudrait mouvoir l'alidade
CD', *fig.* 46, dans le sens des divisions de la circonférence, ou en l'approchant du point D, pour
que la réflexion de *ul* sur *mn*, *fig.* 49, coïncidât
avec S'P : donc, le point du limbe auquel correspondrait le zéro du vernier de l'alidade CD',
fig. 46, lors du contact des objets S' et S, si la
grande glace n'était pas prismatique, est plus
près de D que D' d'un arc facile à calculer,
pour chaque valeur des angles V'C'Y' = VC'Y,
fig. 49, et $\left\{ \begin{array}{l} SCM' = 90° - (\frac{1}{2}S'CS - \frac{1}{2}CLP) \\ SCN' = 90° - (\frac{1}{2}CLP - \frac{1}{2}S'CS) \end{array} \right\}$, *fig.* 46.

Récapitulation. L'erreur de l'angle observé S'CS,
fig. 46, qui provient de l'inclinaison des surfaces
opposées de la grande glace, est donc égale à la
différence des deux positions CD, CD' qu'à l'alidade CD, lorsqu'on rend les miroirs parallèles, et
quand on mesure l'angle S'CS, par rapport à celles
qu'elle occuperait, dans chacun de ces cas, si la
surface étamée ZV, Z'V', *fig.* 49, était parallèle à
l'autre MN, M'N'.

Remarques. Lorsque SCM' < S'CN, *fig.* 46,
(cela arrive quand $\frac{1}{2}$S'CS — $\frac{1}{2}$CLP > $\frac{1}{2}$CLP, ou
que $\frac{1}{2}$S'CS > CLP), l'inclinaison des surfaces opposées de la grande glace éloigne plus le rayon
UL de *ul*, *fig.* 49, dans l'observation du contact

des objets S' et S que dans celle du parallélisme des miroirs. *D'après ce que nous avons dit ci-dessus et que nous prouverons ci-après*, n°. 71, si SCM' = S'CN, *fig.* 46 (ce qui arrive lorsque $\frac{1}{2}$ S'CS-$\frac{1}{2}$CLP= $\frac{1}{2}$CLP, ou que $\frac{1}{2}$S'CS=CLP), les erreurs occasionnées par l'inclinaison des surfaces opposées de la grande glace dans les observations du contact des objets S',S et du parallélisme des miroirs se détruisent mutuellement et n'affectent pas l'angle mesuré. Enfin, quand SCM' ou SCN' > S'CN (ce qui exige que $\frac{1}{2}$S'CS-$\frac{1}{2}$CLP < $\frac{1}{2}$CLP, ou que $\frac{1}{2}$S'CS < CLP, et comprend les cas pour lesquels SC est intérieur à S'CL, et ceux pour lesquels il est extérieur et tel que SCL < CLP ou que S'CL), l'inclinaison des surfaces opposées de la grande glace éloigne moins le rayon UL de *ul*, *fig.* 49, dans l'observation du contact des objets S' et S que dans celle du parallélisme des miroirs : donc, dans l'*observation à gauche* de la *fig.* 46, l'angle mesuré est trop grand si le premier cas a lieu, exact pour le second, et trop petit dans le troisième.

Si la grande glace était prismatique dans le sens opposé à celui que représentent les trapèzes ZN, Z'N', *fig.* 49, elle occasionnerait, lors du parallélisme des miroirs et du contact des objets S' et S, des erreurs en sens contraire de celles qui affectent les positions CD,CD' de l'alidade CD, *fig.* 46, comme il est facile de s'en assurer par des figures trapézoïdes analogues à celles des *fig.* 49 ; et par un raisonnement semblable au précédent, on prouverait que l'angle observé S'CS, *fig.* 46, serait trop petit si SCM' < S'CN, exact si SCM' = S'CN, et enfin trop grand si SCM' ou SCN' > S'CN.

On arriverait à une récapitulation semblable à celle de ci-dessus, en faisant le même raisonnement sur les quatre *fig.* 50 et 51, dont chacune représente la marche du rayon qui rencontre la grande glace dans les *fig.* 47 et 48.

En faisant attention que dans toutes les circonstances S'CN'' < SCN, *fig.* 47 (ce dernier angle SCN, *fig.* 47, est égal à S'CN, *fig.* 46) et que SCN'' < S'CN, *fig.* 48 (comme on peut s'en convaincre, d'après leurs valeurs données ci-dessus), on en conclut que l'alidade du grand miroir est plus éloignée de sa vraie position lors du contact des objets S' et S, que quand on rend les glaces parallèles; d'où il suit que pour les *observations à droite* des *fig.* 47 et 48, les angles mesurés sont trop petits : ils seraient trop grands, si la grande glace était prismatique dans le sens opposé à celui des *fig.* 50 et 51.

Au sujet des remarques. L'erreur occasionnée sur l'angle mesuré S'CS, *fig.* 46, 47 et 48, par l'inclinaison des surfaces opposées de la grande glace, a lieu en sens contraire dans *l'observation à gauche*, *fig.* 46, et dans celle que l'on fait *à droite*, *fig.* 47 ou 48, lorsque SCM' < S'CN, *fig.* 46, ou que $\frac{1}{2}$ S'CS > CLP pour les trois figures, sans se détruire entièrement dans *l'observation croisée* qu'elles donneraient, puisque la première est moindre que la seconde ; mais la mesure simple de l'angle que l'on en déduirait serait seulement affectée de la moitié de la différence. Si SCM'= S'CN, *fig.* 46, ou si ½ S'CS = CLP, *fig.* 46, 47 et 48, la même erreur n'influerait que sur l'*observation à droite*, et l'*observation croisée* donnerait une mesure simple qui en serait affectée de la moitié. Enfin, quand SCM' ou SCN' > S'CN, *fig.* 46, ou que ½ S'CS < CLP, *fig.* 46, 47 et 48, la même erreur a lieu dans le même sens, pour les *observations à gauche* et *à droite*; d'où il suit que la mesure simple de l'angle, déduite de l'*observation croisée* qu'elles donneraient, serait affectée de la moitié de leur somme.

71. Quand l'angle que l'on veut mesurer est grand, le rayon ST de l'objet réfléchi, *fig.* 61, *pl.* 5, rencontre la surface antérieure de la grande glace sous un petit angle STM lors du contact des objets, et sa marche est représentée par STC'UL ; au lieu que si la surface étamée ZV avait la direction XY parallèle à MN, elle le serait par STC'*ul*, telle que *ul* forme l'angle N*ul* égal à STM et plus grand que NUL d'une quantité que nous allons déterminer en menant, parallèlement au cercle, les perpendiculaires C'R, C'*r* sur les lignes ZV, XY, qui donnent $\left\{ \begin{array}{l} \text{RC'T=RC'U} \\ r\text{C'T} = r\text{C'}u \end{array} \right\}$: en les retranchant membre à membre, il vient RC'T-*r*C'T=RC'U-*r*C'*u* ou RC'*r*=*u*C'U-RC'*r*, et

enfin $2RC'r = uC'U$; mais $uC'U = C'uT\text{-}C'Uu$ (car $C'uT$ est extérieur au triangle $C'Uu$, dans lequel C' et U sont les intérieurs opposés); donc $C'uT\text{-}C'Uu = 2RC'r$.

Quant à la *fig.* 62, pour laquelle l'angle à mesurer est petit, le rayon ST rencontre MN sous un grand angle STM; et on démontrera, comme ci-dessus, que $C'uT - C'Uu = 2RC'r$.

De-là on conclut que la différence des angles que font les droites $C'u, C'U$ avec MN est la même pour les *fig.* 61 et 62, et égale à $2RC'r$ ou à deux fois l'angle des surfaces du grand miroir, dans le sens des plans parallèles à l'instrument : mais les droites $C'u, C'U$ font de plus petits angles avec MN dans la *fig.* 61 que dans la *fig.* 62 ; donc, la différence des inclinaisons de ul, UL sur $C'u, C'U$ qui est égale à l'angle des lignes ul, UL, diminué de celui des droites $C'u, C'U$, est plus considérable dans la *fig.* 61 que dans la *fig.* 62 ; car on démontre en physique « *Qu'un rayon de lumière qui passe d'un* » *corps transparent dans un milieu moins dense* » *que lui, éprouve une déviation telle que, pour* » *un même changement d'inclinaison sur la face* » *qu'il quitte, la différence des déviations va en* » *augmentant* à *mesure que l'angle du rayon* » *avec la surface diminue.* » Donc, une grande glace prismatique occasionne des erreurs provenant de l'inclinaison mutuelle des droites ul, UL, qui influent d'autant plus sur la position de l'alidade que l'on fait mouvoir dans chaque observation, que le rayon de l'objet réfléchi rencontre la surface MN sous un plus petit angle; d'où il suit que dans les contacts *à gauche* et à partir du parallélisme des miroirs, la position de cette alidade s'écarte d'abord de moins en moins de celle qu'elle occuperait si la grande glace n'était pas prismatique, à mesure que l'angle à déterminer augmente, jusqu'à ce qu'elle devienne à très peu près égale à $2RC'r$ ou à $2V'C'Y'$, *fig.* 49 (ce qui arrive quand l'angle à mesurer est égal à CLP, *fig.* 46; puisque SC rencontre MN perpendiculairement) (1), pour croître ensuite continuellement. Dans les contacts *à droite*, cet écart augmente avec l'angle à mesurer. C'est pourquoi Borda recommande de choisir des angles de 120°, pour s'assurer du parallélisme des surfaces opposées de la grande glace, ou pour déterminer l'erreur qu'elles occasionnent lorsqu'elles sont inclinées entre elles. En effet, l'erreur qui en résulte sur l'angle est la plus grande possible, soit qu'on le détermine par une observation simple ou croisée; car, dans le premier cas, cette

---

(1) Je dis à très peu près égale à $2RC'r$, car lorsque STM' est droit, *fig.* 49, TC' suit le prolongement de ST, l'angle $TC'U = 2V'C'Y' = 2RC'r$ (on l'a démontré *fig.* 61), et $C'UT = 90° - 2RC'r$, puisque le triangle TC'U est rectangle en T; d'où il suit que C'U éprouve une très petite déviation en quittant Z'N'; donc UL fait avec ST un angle qui excède un tant soit peu $2RC'r$.

erreur est égale à l'excès de celle qui a lieu lors du contact des objets, laquelle se trouve à son maximum, puisque les instrumens à réflexion ne sont pas propres à mesurer des angles plus grands que 120° à 125°, sur celle qui affecte le parallélisme des miroirs; dans le second, elle est égale à la moitié de l'excès de l'erreur qui a lieu dans l'observation à droite sur celle qui existe dans l'observation à gauche.

72. Après avoir terminé l'examen relatif aux erreurs occasionnées par l'inclinaison des surfaces opposées de la grande glace, nous allons entreprendre celui des déviations qu'une petite glace prismatique fait éprouver aux rayons des objets réfléchi et direct.

Quand la petite glace mn, *fig.* 46, *pl.* 4, est prismatique, comme le représente sa section mv, *fig.* 52, par un plan parallèle à l'instrument, chaque rayon qui se réfléchit en C suit la route $\left\{ \begin{smallmatrix} \text{S'CTL'UP} \\ \text{SCTL'UP} \end{smallmatrix} \right\}$ lors du $\left\{ \begin{smallmatrix} \text{parallélisme des miroirs} \\ \text{contact des objets} \end{smallmatrix} \right\}$, tandis que dans la même position de mn, il suivrait $\left\{ \begin{smallmatrix} \text{S'CTL'}up \\ \text{SCTL'}up \end{smallmatrix} \right\}$ (1), si la surface étamée zv avait la direction xy parallèle à l'antérieure mn, et il faudrait tourner

---

(1) On peut prouver, comme sur les *fig.* 61 et 62, que $\text{UL'}u = 2\text{RL'}r = 2v\text{L'}y$, dans les *fig.* 52, 53 et 54, et que l'angle des droites PU, pu excède $\text{UL'}u$: il en serait de même si la petite glace était prismatique en sens opposé.

mv, en éloignant son extrémité n du grand miroir, pour que up passât par la pinnule P ou prît la direction de l'axe de la lunette, ou, ce qui revient au même, mouvoir $\left\{ \begin{matrix} MN \\ M'N' \end{matrix} \right\}$ d'un angle égal à celui dont on aurait dû déranger mv, en avançant $\left\{ \begin{matrix} CD \\ CD' \end{matrix} \right\}$ vers P, *fig*. 46, puisque, des deux manières, l'angle de chaque position $\left\{ \begin{matrix} MN \\ M'N' \end{matrix} \right\}$ du grand miroir avec le petit mn est le même; ce qui ne produirait aucune différence sur la longueur de l'arc DD'; de sorte qu'une petite glace prismatique n'influe pas sur la mesure simple et à gauche d'un angle par les déviations que sa partie étamée fait éprouver aux rayons des objets qui se réfléchissent sur le grand miroir.

Par un raisonnement analogue au précédent, on tirera la même conséquence des deux *fig*. 53 et 54, relativement aux déviations que la petite glace fait éprouver à chacun des rayons réfléchis, *fig*. 47 et 48, lors du parallélisme des miroirs et du contact des objets.

La compensation de ces erreurs occasionnées par l'inclinaison des surfaces opposées de la petite glace sur les rayons réfléchis en C, *fig*. 46, 47 et 48 dans la mesure simple d'un angle, vient de ce que CT rencontre toujours la surface antérieure mn, *fig*. 52, 53 et 54, sensiblement sous le même angle, et du côté de l'ouverture n de celui des droites mn, zv; ce qui n'a pas lieu pour la grande glace, comme nous l'avons prouvé ci-dessus, au moyen des *fig*. 46, 47 et 48.

L'angle du rayon CT, *fig.* 52, 53 et 54, avec *mn*, serait du côté du sommet de l'angle des droites *mn*,*zv*, si *mv* était prismatique en sens contraire.

Si la petite glace était prismatique en sens opposé de celui des *fig.* 52, 53 et 54, sa partie étamée occasionnerait des déviations inverses, qui se détruiraient de même dans la mesure simple d'un angle.

On peut conclure de ce qui précède, que la partie étamée d'une petite glace prismatique fait éprouver aux rayons réfléchis des déviations qui n'influent pas sur la mesure d'un angle, déduite des *observations croisées*; car, dans les contacts successifs, le zéro de chaque alidade se trouve à la distance convenable du point qu'il occuperait, si l'on rendait les miroirs parallèles entre eux, par l'un des moyens indiqués ci-devant.

Nous venons de voir qu'une petite glace prismatique n'influe pas sur la mesure simple ou croisée d'un angle par les déviations que sa partie étamée fait éprouver aux rayons des objets qui se réfléchissent sur le grand miroir ; nous allons prouver actuellement que la même compensation a lieu pour le changement de direction que sa partie transparente fait prendre aux rayons de l'objet direct. En effet, quand la petite glace *mn*, *fig.* 46, est prismatique, comme le représente le trapèze *mv*, *fig.* 55, dont le plan est parallèle à celui de l'instrument, chaque rayon direct S′L′ suit la route S′L′UP, lors du parallélisme des miroirs et

du contact des objets, telle que UP a une inclinaison sur S'L', qui l'éloigne du côté du sommet m
de l'angle des surfaces opposées de la petite glace (1), au lieu que S'L' suivrait la route S'L'Up',
pour laquelle Up' serait parallèle à S'L', si la surface
antérieure mn avait la direction $x'y'$ parallèle à
l'autre zv ; mais, dans cette circonstance, il faudrait tourner mv, en approchant son extrémité n
de la grande glace, ou, ce qui revient au même,
mouvoir $\left\{ \begin{smallmatrix} MN \\ M'N' \end{smallmatrix} \right\}$ en avançant l'extrémité $\left\{ \begin{smallmatrix} D \\ D' \end{smallmatrix} \right\}$ de son
alidade vers Q, $fig.$ 46, d'une même quantité, lors
du parallélisme des miroirs et du contact des objets S' et S, pour faire coïncider la direction UP,
$fig.$ 55, que prennent les rayons réfléchis en C, avec
celle Up' des rayons directs, afin de rétablir les contacts, ce qui n'influerait pas sur la distance DD',
$fig.$ 46, des deux positions de CD.

En faisant un raisonnement analogue au précédent sur les $fig.$ 56 et 57, on prouvera que la partie
transparente d'une petite glace prismatique n'influe
pas sur la mesure simple des angles, $fig.$ 47 et 48,
en déviant les rayons de l'objet direct de la même
quantité et dans le même sens, lors du parallélisme
des miroirs et du contact des objets S' et S.

On peut remarquer en passant que chacune des

---

(1) Voyez, N°. 47, la route que suit un rayon lumineux lorsqu'il rencontre un prisme transparent plus dense
que le milieu environnant.

parties étamée et transparente d'une petite glace prismatique fait éprouver aux rayons des objets réfléchi
et direct, des déviations qui placent en sens contraire le zéro du vernier de l'alidade du grand miroir, *fig.* 46, 47 et 48.

Cette compensation, dans la mesure simple d'un
angle, des erreurs produites par l'inclinaison des surfaces opposées de la partie transparente d'une petite
glace sur les rayons de l'objet direct, vient (comme
pour les déviations que la partie étamée fait éprouver
aux rayons qui se réfléchissent sur le grand miroir)
de ce que S'L', *fig.* 55, 57, et SL', *fig.* 56, rencontrent toujours la surface de derrière zv, sensiblement sous le même angle, et qu'ils le forment
avec elle du côté de l'ouverture ou du sommet de
celui des droites mn, zv.

Les déviations que la petite glace ferait éprouver
aux rayons de l'objet direct, seraient en sens contraire, et se détruiraient de même dans la mesure
simple des angles, si elle était prismatique en
sens opposé de celui des *fig.* 55, 56 et 57.

Cette compensation des erreurs occasionnées par
les déviations que la partie transparente d'une petite glace prismatique fait éprouver aux rayons de
l'objet direct, a lieu pour les *observations croisées*,
puisque, dans les contacts successifs, le zéro de
chaque alidade se trouve à la distance convenable
du point qu'il occuperait, si l'on rendait les miroirs parallèles entre eux.

Première remarque. Puisqu'une petite glace prismatique n'influe pas sur la mesure simple ou croisée des angles par les inclinaisons que ses parties étamée et transparente donnent aux rayons des objets réfléchi et direct sur les directions qu'ils prendraient si elle avait ses surfaces opposées parallèles, il s'ensuit qu'en faisant le grand miroir métallique ou de verre noirci, on n'aurait plus à craindre les erreurs produites par les miroirs, excepté dans le cas particulier ci-après indiqué.

Deuxième remarque. Quoiqu'une petite glace prismatique n'influe pas en général sur la mesure simple ou croisée des angles, elle occasionne cependant deux images de l'objet réfléchi, dont la première est produite par les rayons réfléchis à sa surface antérieure, et la seconde par ceux qui pénètrent dans l'intérieur pour se réfléchir à la surface étamée et se réfracter ensuite à l'antérieure, lesquels ne prenant pas une direction parallèle à ceux qui ont été réfléchis les premiers, forment au foyer de la lunette l'image principale que l'on observe, dont les bords paraissent mal terminés par l'espèce de pénombre qu'occasionne l'autre image; ce qui empêche de bien observer le contact.

A ce que nous venons de voir il faut ajouter que, en mesurant *à gauche* des angles compris entre 14° et 24° environ, le rayon SC, *fig.* 46, rencontre la partie transparente de la petite glace *mn* qui le dévie de sa direction lorsqu'elle est prismatique;

10

et l'erreur qui en résulte sur la mesure de l'angle est égale à la déviation de SC dans le sens parallèle au plan du cercle.

L'angle mesuré est trop grand lorsque la petite glace est prismatique, comme *mv*, *fig.* 52, le représente, puisque le rayon qui arrive en C a été dévié de manière que son prolongement passe au-delà de S par rapport à S' : le même angle serait trop petit si les surfaces *mn,zv* étaient inclinées en sens opposé.

Pour déterminer cette erreur, il faut mesurer un angle invariable de $\dfrac{14° + 24°}{2} = 19°$ environ par une *observation à gauche*, renverser la petite glace en laissant dépasser une portion de la partie transparente au-dessus de sa monture, éloigner la lunette du plan de l'instrument jusqu'à ce que son champ soit divisé convenablement par la ligne qui sépare les parties étamée et transparente de la petite glace, rectifier la perpendicularité du petit miroir sur le cercle, mesurer de nouveau le même angle par une *observation à gauche;* si on le trouve égal au premier, les surfaces opposées de *mn, fig.* 46, seront parallèles, suivant les sections parallèles au cercle, puisque le retournement de *mn* ne dérange pas, dans ce sens, la direction des rayons de l'objet réfléchi qui traversent sa partie transparente : dans le cas contraire, elles seront inclinées entre elles et produiront sur la mesure de l'angle une erreur égale à la moitié de la différence des deux résultats obtenus;

car, en retournant ainsi *mn*, le sommet de l'angle des droites *mn,zv*, *fig.* 52 , change de côté et leur inclinaison dévie en sens contraires les rayons de l'objet réfléchi dans les deux observations ci-dessus.

On pourra se servir de cette correction dans tous les cas pour lesquels SC , *fig.* 46, traverse la partie transparente de *mn* avant d'arriver en C ; car SC ne rencontre pas *mn* sous des inclinaisons assez différentes pour qu'il en résulte des différences sensibles dans les déviations qu'il éprouve. Il sera bon cependant de déterminer l'erreur analogue vers les limites 14° et 24°, pour s'assurer si les différences qui existent entre elles et la première peuvent être négligées.

Pour reconnaître si SC , *fig.* 46 , traverse la partie transparente de *mn* avant d'arriver en C , il faut établir le contact des objets , puis placer un corps opaque d'une largeur égale à *mn* derrière le petit miroir , si l'objet réfléchi disparaît , ses rayons traverseront la partie transparente de la petite glace ; dans le cas contraire, ils ne la rencontreront pas.

Il faut corriger de la moitié de cette erreur la mesure d'un angle déduite d'une *observation croisée* , puisque l'*observation à droite* n'en est pas affectée.

73. On peut s'assurer du parallélisme des surfaces opposées d'une glace étamée de la manière suivante, qui nous a été communiquée par M. Lenoir : pour cela, on vise , avec une bonne lunette , à un

10..

objet lumineux ou très éclairé (1) ; puis, dirigeant la même lunette de manière qu'elle reçoive les
rayons TL du même objet S, *fig*. 68, *pl*. 5, réfléchis à la première surface AC du verre étamé A*c* :
il y aura aussi des rayons T'L', réfractés deux fois
en T,T' et réfléchis en U, qui parviendront dans la
lunette ; et s'il ne paraît qu'une seule image du
corps S au foyer, on en conclura que les directions
TL,T'L' sont parallèles entre elles, et que T'L' et
TS font des angles égaux avec la surface AC; d'où
il suit que les plans AC,*ac* sont parallèles entre
eux : mais s'il se forme deux images dans la lunette, l'une sera produite par les rayons réfléchis
TL, et l'autre par les réfractés T'L', lesquels auront nécessairement des directions différentes ;
d'où l'on conclura que T'L' et TS font des angles
inégaux avec AC, et, par suite, que AC est d'autant plus incliné sur *ac* que les bords correspondans des images seront plus éloignés l'un de l'autre
au foyer de la lunette.

Pour s'assurer du parallélisme des surfaces opposées de A*c*, on peut se dispenser de viser directement à l'objet S ; cependant il est bon de le
faire, pour voir s'il paraît avec la même intensité
de lumière dans les deux circonstances, ce qui
prouvera la bonté du verre et son homogénéité en

---

(1) Le Soleil est très propre pour faire cette observation, en mettant un verre coloré devant l'oculaire.

faisant l'observation à différens endroits de AC, et en lui donnant diverses inclinaisons dans des sens différens sur la direction des rayons envoyés par l'objet S.

Comme l'intensité de l'image réfléchie à la première surface AC augmente tandis que celle de la réfractée diminue, et que d'ailleurs les rayons réfractés T′L′ sortent plus inclinés sur les réfléchis TL (pour le même angle des surfaces opposées AC,*ac*) (1), à mesure que ST rencontre AC sous un plus petit angle, il faut toujours répéter cette vérification plusieurs fois dans les circonstances les plus avantageuses et relativement à diverses positions de A*c*, qui, en général, satisfait assez bien à toutes les conditions, lorsque les rayons le rencontrent sous un angle de 45°.

On peut se servir du même moyen pour un verre non étamé, car sous l'inclinaison de 45°, l'image formée par les rayons T′L′, deux fois réfractés à la surface supérieure AC et réfléchis sur l'inférieure *ac*, est ordinairement assez sensible ; mais, dans cette circonstance, l'intensité de l'image vue sur le verre, lors même qu'elle est unique, paraît plus faible que quand on regarde l'objet directement.

74. Il nous reste encore à indiquer la forme et l'usage des *verres colorés* et de la *ventelle*, les moyens

(1) Voyez N°. 71, ce que l'on a dit des *fig.* 61 et 62.

dont on se sert pour vérifier si les surfaces opposées des *verres* sont parallèles, et ceux que l'on emploie pour déterminer ou pour détruire les erreurs qu'ils peuvent occasionner quand ils sont prismatiques.

On trouve ordinairement dans la boîte du cercle quatre petits verres colorés et un pareil nombre de grands (la *fig.* 40 , *pl.* 3 , représente la forme des premiers , et la *fig.* 41 celle des seconds) qui servent à diminuer l'intensité des rayons lumineux des objets que l'on observe , lorsqu'ils ont trop d'éclat, comme ceux du Soleil et même de la Lune, pour laquelle les bords paraissent mieux terminés lorsque ses rayons ont traversé un verre vert.

Lorsqu'on veut affaiblir l'intensité des rayons lumineux de l'objet direct S', *fig.* 36, *pl.* 3 , on met un petit verre coloré en T derrière le petit miroir ; pour l'autre objet S (1) il faut se servir d'un grand verre placé en *uu'* à côté du grand miroir, si l'angle S'C'S ou S'PS que l'on veut déterminer est compris entre 5°...20' et 34° ; car en menant CX parallèlement à PL, puis CY,CY' par les côtés de la monture du petit verre mis en U,

---

(1) Sur le sextant , on place les verres colorés devant chaque miroir, en les faisant tourner autour d'un axe fixe, soit qu'il y en ait seulement pour être mis entre les glaces , afin d'affaiblir les rayons de l'objet réfléchi, ou qu'il s'en trouve aussi pour diminuer l'intensité de ceux de l'objet direct.

on a YCX=5°...20′ et Y′CX=34°, d'après les dimensions adoptées par Borda ; donc, entre ces limites qui n'ont lieu que pour les *observations à gauche*, le verre placé en U ou sa monture empêcherait aux rayons SC d'arriver jusqu'à la grande glace ; mais, en-deçà et surtout au-delà de ces limites, on doit préférer un petit verre mis en U, car les rayons traversent deux fois celui qui est en *uu′*, la première avant leur réflexion sur le grand miroir et la seconde après, ce qui occasionne une double cause d'erreurs, quand ce verre est prismatique.

Il est possible que les limites ci-dessus ne conviennent pas exactement à tous les cercles, car leurs parties peuvent ne pas être rigoureusement construites dans les mêmes rapports.

Les verres qui sont dans la boîte du cercle étant plus ou moins opaques les uns que les autres, il faut essayer celui qui convient à l'intensité des rayons lumineux du corps que l'on observe.

Comme il est nécessaire que les surfaces opposées des verres colorés dont on se sert soient parallèles entre elles, au moins dans le sens des plans parallèles à celui de l'instrument; car sans cela, les rayons lumineux, en les quittant, sortiraient du plan perpendiculaire au cercle et mené par la direction qu'ils avaient avant de pénétrer dans le verre : nous allons donner le moyen de s'assurer si cette condition est remplie.

Outre ces verres colorés on se sert encore quelquefois, surtout pour observer des objets terrestres, d'une pièce en cuivre, représentée *fig.* 42,
appelée *ventelle*, dont la queue *q* est munie d'un
ressort qui la tient à frottement dans la loge T,
fig. 36, afin de l'élever ou l'abaisser à volonté,
suivant que l'on veut augmenter ou diminuer la
surface de l'ouverture *abc*, qui dépasse la partie
étamée de la petite glace, pour donner à l'image
de l'objet direct une intensité égale à celle du
corps observé par réflexion.

Le côté *ab* de l'ouverture *abc* est une ligne
droite, et les autres *ac*,*bc* sont deux arcs de cercle
qui ont leurs centres aux points *b* et *a*.

75. Pour s'assurer du parallélisme des surfaces
opposées des verres colorés, on mesure un angle invariable, après avoir mis le verre que l'on veut essayer, que je suppose être un petit, en U ou en
T, *fig.* 36, ensuite on le retourne dans sa loge,
sans déranger les alidades, et si le contact des objets a encore lieu, les surfaces opposées de ce verre
seront parallèles, au moins dans le sens des sections
parallèles au plan du cercle; dans le cas contraire,
elles seront inclinées entre elles.

Démonstration. Quand le verre coloré a ses surfaces opposées parallèles, il ne dérange pas la direction des rayons lumineux (excepté dans son intérieur, ce qui est indifférent pour les observations) par conséquent, en le retournant, il ne

produit aucun changement sur la mesure de l'angle. Mais lorsqu'il est prismatique, les rayons lumineux, après l'avoir traversé, n'ont plus la même
direction qu'auparavant, et, en le retournant,
cette inclinaison passe d'un côté à l'autre de la direction qu'ils ont avant de se réfracter, ce qui éloigne l'objet, dont les rayons traversent le verre
que l'on a retourné, de sa première position apparente du double de la déviation que le verre fait
éprouver aux rayons qui le traversent; d'où il suit
que le même objet paraît plus ou moins éloigné de
l'autre du double de la déviation des mêmes rayons
dans le sens des sections parallèles à l'instrument;
donc, pour rétablir le contact, il faut mouvoir
l'une des alidades du double de l'erreur occasionnée
sur l'angle par le verre qu'on a retourné.

En observant le contact de deux objets, après
avoir mis un grand verre coloré devant la grande
glace, puis le retournant, on prouvera, comme
pour un petit (en faisant attention que les rayons
le traversent deux fois, ce qui produit une double
cause d'erreurs), que ses surfaces opposées sont
parallèles, dans le sens des sections parallèles au
cercle, si le contact a encore lieu, et que, dans le
cas contraire, elles sont inclinées entre elles.

Il sera bon de répéter ces vérifications plusieurs
fois en faisant la dernière sur divers angles.

Pour essayer l'un des petits verres opaques,
on choisit ordinairement le diamètre du Soleil,

que l'on observe en mettant en contact les deux images directe et réfléchie de cet astre. A l'égard d'un grand verre, il faut préférer de grands angles pour lesquels il donne le maximum de l'erreur, puisqu'alors les rayons de l'objet réfléchi le rencontrent sous un petit angle, tandis que dans toutes les observations, chaque petit verre a sensiblement la même inclinaison sur les rayons qui le traversent.

On peut, comme pour un autre angle, répéter par des *observations croisées* le double de l'erreur que produit l'inclinaison des surfaces opposées d'un verre coloré, en le retournant dans sa loge à chaque contact, et en faisant mouvoir successivement les alidades.

Nous remarquerons que l'inclinaison des surfaces opposées du verre placé en U, *fig.* 36, n'influe pas sur la mesure de l'angle, dans les observations croisées, quand on observe un nombre pair de contacts ; car, pour chacun d'eux, les rayons qui vont d'un miroir à l'autre, le rencontrent sensiblement sous la même inclinaison ; ce qui fait que dans chaque contact, il les dévie d'une quantité égale, laquelle produit sur la position de l'alidade une erreur qui annule celle de la précédente. La même compensation a lieu pour le verre placé en T, puisqu'il produit sur les rayons de l'objet direct des déviations analogues à celles de la partie transparente de la petite glace.

Lorsqu'on observe un nombre impair de contacts, l'erreur qui provient de l'inclinaison des
surfaces opposées du verre mis en U ou en T, n'en
affecte la mesure simple de l'angle que du tiers,
du cinquième, etc., suivant que l'on a observé
trois, cinq, etc., contacts; et même elle serait
encore nulle, comme on le prouve ci-après, pour
la mesure simple de l'angle, si l'on déterminait
l'arc à partir du parallélisme des miroirs établi en
laissant ces verres dans leur position.

Pour un angle quelconque S'PS, *fig.* 36, le
verre placé en U rencontre le rayon CL de l'objet
réfléchi sous la même inclinaison; par conséquent
il le dévie dans toutes les observations d'une quantité constante, qu'il suffit de déterminer sur un
angle pris arbitrairement. Il en est de même du
verre que l'on met en T.

Si l'on met un verre vert et un autre verre coloré en
U ou en T, il faut corriger la mesure de l'angle des
erreurs qu'ils occasionnent chacun en particulier.

Remarque. Chacun des verres mis en U ou en
T ne produit pas d'erreur sur la mesure simple
d'un angle, lorsqu'on établit le parallélisme des
miroirs et le contact des objets en les laissant dans
leur loge; car ils font dévier constamment les
rayons qui les traversent de la même quantité,
puisqu'ils les rencontrent toujours à-peu-près sous
la même inclinaison; ce qui n'a pas lieu pour un
grand verre placé devant la grande glace.

Le rayon SC de l'objet réfléchi rencontrant le grand verre mis en $u\,u'$, sous une inclinaison qui dépend, comme celle de SC sur le grand miroir, de l'angle S'PS, il occasionne par conséquent une erreur variable avec S'PS; c'est pourquoi il faut la déterminer par l'expérience, de 5° en 5° ou de 10° en 10° pour les *observations à gauche* et *à droite*, puis en conclure celle qui en résulte dans les *observations croisées*.

Remarque. Lorsqu'on a déterminé le sens et la valeur de la déviation que produit un verre coloré sur les rayons qui le traversent, suivant la direction des plans parallèles au cercle, il faut faire une marque quelconque à sa monture, pour le placer toujours dans la même position, par rapport aux glaces, afin qu'il dévie constamment les rayons du même côté.

Si les rayons de l'objet réfléchi S, *fig.* 36, rencontraient un petit verre coloré avant d'arriver au grand miroir, on déterminerait la déviation, suivant le sens parallèle au cercle, que ce verre leur fait éprouver, lorsqu'il est prismatique, comme nous l'avons indiqué à la fin du n°. 72, pour la partie transparente de la petite glace quand les rayons de l'objet réfléchi la traversent; en observant qu'il faut retourner le verre au lieu de le renverser, et avoir égard à l'erreur qu'il produit sur chaque mesure de l'angle par la déviation qu'il fait éprouver aux rayons de l'objet direct, s'il est placé en T, et à ceux de l'objet réfléchi, après leur réflexion sur MN, lorsqu'il est en U.

En mettant un grand verre en *uu'* pour les angles qui sont moindres que 34°, les rayons de l'objet réfléchi arrivent toujours au grand miroir sans rencontrer le petit verre que l'on place en U. Les rayons de l'objet réfléchi ne peuvent rencontrer le verre mis en T, qu'en mesurant par une *observation à gauche* ou *croisée* un angle compris entre 12° et 23° environ.

Comme il est pénible et ennuyeux de déterminer l'erreur occasionnée par chaque verre coloré, et d'en corriger les angles, on fera bien de la détruire en tournant le verre dans sa monture, jusqu'à ce qu'elle soit annulée; ce que l'on peut toujours, car deux surfaces planes sont au moins parallèles dans un sens, qui est celui de leur intersection; et, en le rendant parallèle au plan de l'instrument, le verre ne produit plus d'erreur sensible, lorsque ses surfaces opposées sont peu inclinées entre elles, comme cela arrive constamment; et même on devra essayer si les surfaces opposées des verres sont parallèles entre elles dans toutes les directions, en observant, comme ci-dessus, s'ils occasionnent une erreur sensible sur la mesure d'un angle, lorsqu'on les tourne dans leur monture.

Malgré toutes les précautions que l'on peut prendre, il ne faut employer de verres colorés prismatiques que dans les circonstances où il est impossible de s'en procurer d'autres.

76. A ce que l'on vient de voir relativement aux verres colorés, nous ajouterons le moyen suivant que l'on emploie pour s'assurer du parallélisme des surfaces opposées d'un corps transparent, en l'appliquant particulièrement aux verres colorés et à la partie transparente de la petite glace.

Après avoir posé une bonne lunette et dirigé son axe vers un point fixe, on place un verre coloré devant l'objectif; si le même point paraît encore sur la direction de l'axe, ce sera une preuve que celle des rayons lumineux n'est pas changée par le verre, et que ses deux surfaces opposées sont parallèles, n°. 47; mais s'il s'écarte sensiblement de l'axe, cette déviation sera produite par le verre coloré, qui sera mauvais et ne devra pas être employé; car si c'était un petit verre, il occasionnerait sur la mesure simple de chaque angle une erreur égale à la quantité dont il dévie les rayons, dans le sens des plans perpendiculaires à sa queue, lorsqu'il fait avec l'axe de la lunette un angle égal à son inclinaison sur les rayons de celui des objets réfléchi ou direct qui le rencontrent; si c'était un grand verre, il produirait une erreur plus considérable, puisque les rayons le traversent deux fois.

En plaçant la partie transparente de la petite glace sur la direction de l'axe de la lunette, on s'assure de même si ses surfaces opposées sont parallèles ou non.

Remarque. On pourrait regarder comme inutile cette dernière observation relative à la petite glace, puisqu'elle n'influe pas en général sur la mesure des angles ; on fera bien cependant de ne pas la négliger, car on doit toujours préférer une petite glace dont les surfaces opposées sont parallèles à celle qui serait prismatique, à cause des deux images de l'objet réfléchi qu'elle occasionne au foyer de la lunette. (Voyez la deuxième remarque du n°. 72.)

Pour bien s'assurer du parallélisme des surfaces opposées d'un verre coloré ou de la petite glace, il faudra lui donner toutes les inclinaisons possibles sur la direction de l'axe de la lunette.

Première remarque. Si l'interposition d'un verre coloré ou de la partie transparente de la petite glace entre la lunette et l'objet observé empêche de voir distinctement le même corps, on en mettra un autre plus lumineux à la place du premier, ensuite on verra s'il paraît encore ou non sur la direction de l'axe. Il n'est pas inutile de prévenir que, dans cette circonstance, il faut choisir un objet assez éloigné pour négliger l'angle sous lequel on verrait, de la lunette, la plus grande erreur que l'on peut commettre en mettant un corps à la place de l'autre.

Deuxième remarque. Chaque verre prismatique ne produirait pas d'erreur sensible sur la mesure des angles, s'il était placé dans sa monture de manière que le sens dans lequel il dévie les rayons lumineux fût parallèle à la direction de sa queue. On pourra toujours remplir cette condition en tournant le verre dans sa monture, jusqu'à ce que la déviation qu'il occasionne soit dans le sens ci-dessus indiqué.

77. Maintenant que nous avons terminé la description du cercle de réflexion de Borda, par rapport à la mesure des angles, au moyen des miroirs qui sont placés sur les alidades, nous allons entreprendre celle d'une pièce que l'on ajoute à cet instrument, et dont le premier but a été de s'en servir pour déterminer la dépression de l'horizon de la mer.

À l'extrémité Q de l'alidade PQ, et au moyen de la vis V, *fig.* 63, *pl.* 5, on fixe la pièce P'VL'(1), qui est munie de la lunette P', dont l'axe est parallèle au plan de l'instrument, duquel on peut l'éloigner ou l'approcher, en tournant le collet P' dans lequel on la visse, pour que son champ soit divisé en deux parties égales ou inégales par la ligne qui sépare la surface étamée et la partie transparente de la glace $m'n'$, analogue à la petite

---

(1) On nous avait conseillé de donner à cette pièce le nom d'*Ecclinomètre* (mesure de l'inclinaison) que nous avions adopté ; mais plusieurs personnes ayant trouvé que cette expression indiquait plutôt un instrument entier qu'une simple pièce qui s'ajoute, nous ne l'avons pas conservé.

mn du cercle et semblablement disposée, avec la différence que sa monture est ordinairement arrêtée par une seule vis dont la tête se trouve en L' du côté opposé à $m'n'$, tandis que celle de *mn* l'est par trois.

Lorsque $m'n'$ est placé de manière que les angles CL'n',P'L'm' sont inégaux, ou que les rayons lumineux réfléchis sur MN,$m'n'$ n'entrent pas dans la lunette P', on rétablit cette condition, de même que pour *mn* (Voyez l'addition au paragraphe N°. 2, qui est à la fin de l'ouvrage), en tournant $m'n'$ à la main, après avoir desserré la vis de sa monture ; ensuite on rectifie la perpendicularité des miroirs MN,$m'n'$ sur l'instrument, comme pour MN,*mn*; puis on détermine les positions respectives CD,PQ qu'occupent les alidades, lors du parallélisme des miroirs MN,$m'n'$ que l'on établit, en faisant coïncider les deux images directe et réfléchie d'un point éloigné H,, ou les deux parties d'une ligne dans le champ de la lunette P', dont le foyer principal est ordinairement indiqué par l'intersection de deux fils perpendiculaires entre eux.

78. Lorsqu'on veut déterminer la dépression de l'horizon par la mesure simple de la partie visible d'un vertical, on s'y prend de la manière suivante :

Après avoir rendu les deux miroirs MN,$m'n'$ parallèles, *fig.* 63, il faut tenir l'instrument de la main droite, en le plaçant verticalement et au-delà du bras, afin que l'horizon de derrière puisse

11

se réfléchir sur le grand miroir; viser ensuite à l'horizon H., dans la direction du vertical par rapport auquel on veut connaître la dépression; puis reculer CD en CD', de 180° du limbe environ, et établir la coïncidence de l'arc H. de l'horizon, vu directement à travers la partie transparente de $m'n'$, avec celui H de derrière, qui se réfléchit sur les deux miroirs M'N', $m'n'$; et l'arc DD' mesurera l'angle H.CH qui est égal à 180° + h.CH. + hCH ou à 180° + 2 fois la dépression (hCh. est l'horizontale menée par le point C) ou encore à la partie visible du vertical, laquelle se compose de la demi-circonférence augmentée de deux fois l'inclinaison de l'horizon visuel: d'où il suit que l'excès de DD' sur 180° donnera le double de la dépression cherchée h.CH..

Dans cette observation, on fait mouvoir l'alidade CD en sens contraire de la division du limbe; mais on peut éviter cet inconvénient, en tournant le cercle de manière que PQ aille dans le sens des divisions de la circonférence, à partir du parallélisme des glaces.

79. En se bornant à un seul contact pour déterminer la dépression, elle est affectée de la moitié des erreurs commises dans l'observation du parallélisme des miroirs et sur la lecture de l'arc; c'est pourquoi il faut préférer la manière suivante.

Lorsqu'on a fixé le zéro du vernier de l'alidade CD', *fig*. 63, sur une division du limbe, le zéro par exemple, on établit la coïncidence des arcs H. et H,

diamétralement opposés de l'horizon, en tournant
PQ ; puis faisant décrire une demi-révolution à
l'instrument autour de l'axe de la lunette P', il se
trouvera dans la position, *fig.* 64, pour laquelle
il est facile de voir que les faces antérieures des
miroirs M'N',*m'n'* font entre elles un angle obtus,
et égal à 90° plus la dépression, puisqu'il est le
même que celui de la *fig.* 63, dans laquelle
$DCD' = \frac{1}{2}H \cdot CH = \frac{1}{2}(180° + 2h \cdot CH_1) = 90° + h \cdot CH_1$;
d'où il suit que la direction M'N' de la grande
glace, *fig.* 63 et 64, fait avec *m'n'* et avec celle que
M'N' aurait, si l'on tournait CD' vers P jusqu'au
parallélisme de ces miroirs, un angle égal à 90°
plus la dépression : en avançant D' vers P, *fig.* 64,
jusqu'à la perpendicularité des glaces(1) M'N',*m'n'*,
l'arc du limbe parcouru par D' contiendra un nombre de minutes qui sera le double de la dépression
$h \cdot CH_1$, (dans cet état de choses, les points situés
sur le prolongement CH', de l'horizon visuel CH,
coïncideraient avec H, dans le champ de la lunette P', puisque cette position des miroirs mesure
un angle de 180°), et en continuant le même mouvement de l'alidade CD', jusqu'au contact des parties
H, et H de l'horizon visuel, l'arc total parcouru par
l'extrémité D' de l'alidade CD' donnera quatre fois

---

(1) On n'a pas besoin de déterminer la position perpendiculaire des miroirs, qui n'est employée que pour faire
concevoir le résultat de l'observation.

h.CH. (1); si l'on remet le cercle dans la position, *fig.* 63, pour établir le contact des parties H. et H de l'horizon, en tournant PQ, et que l'on répète la même observation, en faisant mouvoir CD', après avoir renversé l'instrument, comme la *fig.* 64 le représente, on verra facilement que l'arc total parcouru par l'alidade du grand miroir donnera huit fois l'inclinaison de l'horizon visuel ; et ainsi de suite.

Dans les observations précédentes, on aurait pu obtenir le premier contact des parties H. et H, diamétralement opposées de l'horizon, en faisant mouvoir CD', *fig.* 63, au lieu de PQ ; puis établir le second en tournant PQ au lieu de CD', *fig.* 64 ; et ainsi de suite : mais cette méthode a l'inconvénient de faire aller les alidades en sens contraire de la division du limbe, et d'obliger à lire sur le vernier de PQ.

Après avoir obtenu le premier contact des parties H. et H, *fig.* 63, on peut croiser les observations ci-

---

(1) On n'a pas représenté cette dernière position de l'alidade du grand miroir sur la *fig.* 64, car elle est trop rapprochée de CD'.

Remarque. Après l'observation de chaque contact des parties diamétralement opposées de l'horizon, la différence des positions respectives des miroirs M'N', $m'n'$, pour les *fig.* 63 et 64, vient de ce que DD', *fig.* 63, mesure l'arc visible du vertical, lequel est égal à 180° + $2h$.CH., tandis que l'arc analogue de la *fig.* 64 donnerait la partie du même vertical qui est comprise au-dessous de l'horizon visuel, laquelle est égale à 180° — $2h$.CH..

dessus, en tournant l'instrument d'une demi-révolution autour d'une ligne horizontale et perpendiculaire au cercle, puis en visant à la partie H de
l'horizon ; ce qui est analogue à la répétition de la
mesure d'un angle en dirigeant successivement la
lunette vers chacun des deux objets.

Il faut déterminer la dépression immédiatement
avant ou après l'observation de la hauteur d'un objet ; et même il serait bon de la mesurer dans ces deux
circonstances, pour s'assurer qu'elle n'a pas varié
sensiblement pendant la durée des observations.

On doit employer ce moyen, lorsqu'on croit
qu'il existe des réfractions extraordinaires ; ce qui
arrive très fréquemment aux latitudes élevées, sur
les côtes sablonneuses que les rayons du Soleil
échauffent considérablement, et par rapport aux
hauteurs observées la nuit, pour lesquelles l'horizon
apparent diffère quelquefois du vrai. Les observateurs préfèrent souvent cette mesure de la dépression à celle des tables, qui sont calculées d'après
les lois générales de la réfraction, que des circonstances particulières et locales peuvent modifier.

80. Jusqu'à présent la pièce P'VL', *fig*. 63, n'a été
employée qu'à observer l'inclinaison de l'horizon visuel ; cependant on peut s'en servir utilement pour
mesurer les angles qui excèdent la limite de ceux
que l'on détermine au moyen des miroirs ordinaires
MN,*mn*, d'après les mouvemens respectifs des alidades CD,PQ,*fig*. 63, et les erreurs que la grande

glace MN produit sur le résultat, lorsqu'elle est prismatique, par la déviation considérable qu'elle fait
éprouver aux rayons de l'objet réfléchi qui la rencontrent sous un petit angle, relativement à la direc-
ion qu'ils prendraient si les surfaces opposées de
IN étaient parallèles; car il est facile de voir que
pendant le mouvement de l'alidade du grand miroir de D en D', les rayons envoyés par les divers
objets qui sont dans le même vertical que l'instrument, se réfléchissent sur MN, arrivent successivement en L' pour se diriger ensuite vers P'; d'où il
suit qu'en établissant le contact d'un de ces points
avec l'horizon H., l'arc analogue à DD' donnera sa
distance angulaire à H., qui sera sa hauteur augmentée de la dépression h.CH., lorsqu'il se trouvera entre le zénit et H., et le supplément de sa
hauteur diminuée de la dépression hCH $= h$CH'.
$= h$.CH., ou celui de son élévation au-dessus du
prolongement CH'. de CH., lorsqu'il sera placé
entre le zénit et H.'.

Ce que nous venons de dire de la distance angulaire
d'un corps à l'horizon H., pouvant s'appliquer à celle
de deux objets quelconques, on en tire le moyen de
mesurer les angles que les mouvemens respectifs
des alidades CD, PQ ne permettent pas de déterminer, en se servant des miroirs ordinaires MN, *mn*.

Il faut cependant observer que le mouvement de
CD, *fig*. 63, vers P, à partir du parallélisme des
miroirs MN, *m'n'*, est très limité et ne permet pas

de croiser la mesure des angles qui l'excèdent; et les autres sont toujours mieux déterminés au moyen des glaces ordinaires; car, dans les *observations à droite* (1), les rayons de l'objet réfléchi rencontrent MN sous un trop petit angle; mais au moins on obtiendra la mesure de ceux qui ne peuvent être observés avec les miroirs MN, *mn*, aussi exactement que le comporte un seul contact et la division du limbe.

Malheureusement la tête de l'observateur empêche aux rayons de l'objet réfléchi d'arriver jusqu'à la grande glace MN, *fig.* 63, lorsqu'on veut mesurer certains angles; d'où il suit que l'on tire seulement parti de la pièce P'VL' pour ceux tels que SC'H., relativement auxquels les rayons SC'C parviennent au grand miroir en passant derrière la tête.

Comme cette propriété de P'VL' peut servir à mesurer de grands angles terrestres ou des hauteurs *par derrière* (2), nous allons entrer dans les

---

(1) En appelant, comme pour les miroirs MN, *mn*, *observation à gauche*, celle que l'on fait en reculant CD vers Q, *fig.* 63 (car les rayons de l'objet réfléchi coupent P'H, avant d'arriver à MN, à moins que l'angle n'excède 180°, comme H.CH); *observation à droite*, celle qui a lieu quand on avance CD vers P; et *observation croisée*, la réunion des deux.

(2) La hauteur est dite *par devant* lorsqu'on regarde l'objet en face, et *par derrière* quand on lui tourne le dos.

détails relatifs à la forme de la nouvelle pièce que M. Lenoir fils a bien voulu se charger de construire, d'après les dimensions que nous lui avons données:

La pièce P'VL', *fig.* 67, est telle qu'en menant par le point C la parallèle CL" à PL, on a L"CL' = 10°, CL' = 2 décimètres (7 $\frac{1}{3}$ pouces), CL'C' = 80° (1).

Si l'on suppose que la tête n'arrête plus les rayons SC'C de l'objet réfléchi, à la distance C'L'=CL', le triangle isocèle CL'C' donnera C'CL'=$\frac{180°-80°}{2}$=50°. En menant la parallèle CH, à C'L', on a C'CH = C'CL' + L'CH. = 50° + 80° = 130° : d'où il suit que l'on pourra déterminer avec cette nouvelle pièce les angles qui excèderont 130°.

Nous allons maintenant donner les résultats obtenus avec le cercle auquel M. Lenoir a ajouté la pièce P'VL', *fig.* 67.

Après avoir ôté les verres de la lunette du cercle et tourné la monture du petit miroir *mn* de manière qu'il renvoyât vers l'axe du tuyau les rayons d'un peu de papier humecté et collé au milieu de la longueur du grand miroir, les zéros des verniers des alidades étaient éloignés l'un de l'autre de 178°... 40' du limbe, lors du parallélisme des glaces MN, *mn* : dans les *observations à gauche*, l'extrémité de la lunette du

---

(1) Dans l'ancienne pièce P'VL', *fig.* 63, L"CL' = 6°, CL' = 18 centimètres (6 $\frac{2}{3}$ pouces), CL'C' = 84°.

cercle $\left\{\begin{array}{c}\text{commençait à couvrir}\\ \text{couvrait à moitié}\\ \text{couvrait totalement}\end{array}\right\}$ la surface étamée

de *mn* pour les angles de $\left\{\begin{array}{c}115°\\ 127\\ 140\end{array}\right\}$: quant aux *observations à droite*, la grande glace se réfléchissait sur la petite en la couvrant totalement jusqu'à 110° environ; et au-delà, jusqu'à la limite 148° du mouvement de CD vers P, elle occupait vers le milieu de la largeur de *mn* un espace d'autant plus petit que l'angle était plus grand.

En reculant la lunette du cercle derrière le grand miroir, on augmenterait la limite des angles susceptibles d'être déterminés par une *observation à gauche*.

Avec la nouvelle pièce P'VL', *fig*. 67.

En plaçant l'œil à la pinnule *p* de la plaque que l'on met à l'ouverture du collet P' de la lunette,	En plaçant l'œil à l'oculaire de la lunette P',
La surface étamée de la petite glace *m'n'* paraissait	La surface étamée de la petite glace *m'n'* paraissait
$\left\{\begin{array}{c}\text{encore couverte}\\ \text{à moitié dégagée}\\ \text{dégagée}\end{array}\right\}$	$\left\{\begin{array}{c}\text{encore couverte}\\ \text{à moitié dégagée}\\ \text{dégagée}\end{array}\right\}$
de la tête pour les angles de $\left\{\begin{array}{c}125°\\ 132\\ 138\end{array}\right\}$.	de la tête pour les angles de $\left\{\begin{array}{c}135°\\ 142\\ 149\end{array}\right\}$ (1).

(1) Avec l'ancienne pièce P'VL', *fig*. 63, les angles analogues étaient de $\left\{\begin{array}{c}135°\\ 142\\ 148\end{array}\right\}$ et de $\left\{\begin{array}{c}142°\\ 147\\ 151\end{array}\right\}$.

On pouvait ensuite mesurer les angles jusqu'à 200° sexagésimaux, sans que l'extrémité de la lunette du cercle parût sur la surface du second petit miroir par la réflexion de ses rayons sur la grande glace.

En plaçant le collet P′ de la lunette plus près du miroir $m'n'$, on pourrait mesurer des angles moindres que ceux de ci-dessus. Il serait encore possible d'éloigner $m'n'$ du centre C, d'augmenter l'angle L″CL′, et d'appuyer la pièce sur le bord du limbe pour lui donner plus de solidité.

Ce que nous pouvons conseiller de mieux aux artistes, c'est de les engager à construire la pièce P′VL′ de manière qu'elle serve à mesurer les angles que l'on ne peut pas déterminer au moyen des miroirs qui sont sur les alidades.

81. En prenant la hauteur d'un objet *par devant*, au moyen des miroirs ordinaires MN, mn, *fig.* 63, ou de MN, $m'n'$, on l'obtient augmentée de la dépression $h.CH.$, et en l'observant *par derrière*, le supplément de l'arc analogue à DD′ la donne diminuée de $h.CH. = hCH.' = hCH$; d'où l'on conclut que leur demi-somme sera la hauteur corrigée de l'inclinaison de l'horizon visuel qui sera égale à la moitié de leur différence. Lorsque la hauteur de l'objet varie, comme celle d'un astre, il faut noter l'heure des observations *par devant* et *par derrière*, qui doivent se succéder, et prendre la moyenne entre les deux pour l'élévation qui cor-

respond à l'heure moyenne des contacts ; enfin, si le corps céleste a des dimensions appréciables, il faut observer le même bord *par devant* et *par derrière*, et corriger le résultat du demi-diamètre, ou, ce qui revient au même , déterminer la hauteur de l'un des bords *par devant* et celle de l'autre *par derrière.*

Ce moyen , qui serait bien inférieur à la mesure de la hauteur d'un objet par des observations croisées ordinaires et à la détermination du double de la dépression , va nous servir à expliquer l'usage d'un second petit miroir que l'on dispose sur quelques sextans dans une direction perpendiculaire à la grande glace , lorsque le zéro de son alidade correspond à celui du limbe.

Pour cela, supposons l'alidade CD' placée de manière que les miroirs M'N', *m'n', fig.* 63 et 64, soient perpendiculaires entre eux (nous donnerons , n°. 82, le moyen de remplir cette condition dans le sextant; pour le cercle, il n'y a qu'à mettre le zéro du vernier de l'alidade du grand miroir à 180° du point qu'il occupe sur le limbe lors du parallélisme des glaces ; ce que l'on ne peut faire dans le premier instrument , puisque son arc ne le permet pas): si l'on fait mouvoir CD' vers P , *fig.* 63 , ou vers Q, *fig.* 64, jusqu'à ce que les rayons d'un objet quelconque réfléchis sur M'N', *m'n'*, arrivent à la lunette P' et coïncident avec ceux de H· , l'arc parcouru par D' donnera la distance angulaire de H.'

à l'objet, ou le supplément de celle du même corps à CH_1.

Supposons, en second lieu, l'alidade CD' placée de manière que le contact des points H_1 et H, diamétralement opposés de l'horizon, coïncident dans la lunette P'; l'arc DD', *fig.* 63, sera de $180° + 2h_1CH_1$ des divisions du limbe, et son analogue, *fig.* 64, sera de $180° - 2h_1CH_1$, comme nous l'avons prouvé N°s. 78 et 79; et en établissant le contact d'un objet réfléchi sur $M'N'$, $m'n'$ avec H_1, l'arc parcouru par le zéro du vernier de CD' donnera la distance angulaire de l'objet à CH_1 ou $180° + 2h_1CH_1$ moins sa distance à CH_1 ou à $P'H_1$.

Les contacts ci-dessus pourraient être établis en faisant mouvoir PQ au lieu de CD'.

82. Les résultats précédens s'appliquent facilement au sextant, lorsqu'il est muni d'un second petit miroir; pour cela, on place ce dernier de manière que l'arc H de l'horizon, *fig.* 64, coïncide dans la lunette P' avec celui de devant H_1, lorsque le zéro de l'alidade de la grande glace correspond à celui du limbe; ce qui met les miroirs dans des positions analogues à celles de $M'N'$, $m'n'$, de la seconde supposition ci-dessus; et en faisant mouvoir l'alidade de la grande glace, pour établir le contact d'un astre (dont on ne peut déterminer la hauteur *par devant*, à cause de quelques obstacles qui l'empêchent, comme la vue de la côte) avec l'horizon H_1; l'arc donné par le zéro du vernier de

CD' sera la hauteur apparente augmentée de la dépression hCH, ou, ce qui revient au même, 180° + $2h$,CH, moins la distance angulaire de l'astre au point H, de l'horizon : cette dernière expression convient à l'angle formé par les rayons qui viennent de deux objets quelconques dont on a établi le contact dans la lunette de la manière indiquée.

Au lieu de placer les miroirs du sextant comme nous venons de le dire, on les rend perpendiculaires entre eux, lorsque le zéro de l'alidade du grand correspond à celui du limbe : pour cela, on établit le contact des parties H, et H, diamétralement opposées de l'horizon, en tournant convenablement le second petit miroir, après avoir mis le zéro de l'alidade de la grande glace au dehors des divisions du limbe, à partir de son zéro, d'un arc double de la dépression prise dans les tables. Dans cette circonstance, l'arc donné par l'instrument est l'élévation de l'astre au-dessus de CH', , ou sa hauteur apparente diminuée de la dépression.

Si l'on établissait le contact des parties H, et H de l'horizon, après avoir mis le zéro de l'alidade du sextant au dehors de celui du limbe d'un arc égal à la dépression, l'angle donné par cet instrument serait la hauteur apparente de l'astre ou son élévation au-dessus de Ch.

La perpendicularité des miroirs du sextant étant établie d'après la dépression donnée par les tables,

il ne peut pas servir à la déterminer en faisant
des observations *par devant* et *par derrière*, comme
on l'a indiqué, *fig.* 63, N°. 81 : cette différence
vient de ce que le cercle donne l'arc, à partir du
point D, pour lequel les miroirs MN, *m'n'* sont parallèles ; ce que l'étendue du limbe d'un sextant ne
permet pas.

Sur le sextant, les miroirs dont nous venons de
parler sont disposés respectivement, comme la
fig. 64 le représente, en supposant le zéro du vernier de l'alidade CD′ placé sur celui du limbe, les
miroirs M′N′, *m'n'* perpendiculaires entre eux, et
l'arc D′Q divisé à partir de D′ ; d'où il suit qu'en
prenant une hauteur *par derrière* avec le cercle, en
mettant d'abord le zéro du vernier de CD′ en D′ à
180° du point où il se trouve lors du parallélisme
des miroirs M′N′, *m'n'*, et en faisant mouvoir CD′
vers Q pour établir le contact d'un astre avec
l'horizon, on aurait une observation analogue à
celle que l'on fait *par derrière* avec le sextant.
On peut de cette manière mesurer avec le cercle
les angles pour lesquels la lunette de l'instrument
ne paraît pas sur *m'n'* par la réflexion de ses rayons
sur M′N′, *m'n'*.

83. Pour s'assurer de la perpendicularité du plan
du second petit miroir sur celui du sextant, ou pour
la rectifier, il faut s'y prendre de la manière suivante.

Lorsqu'on aura bien rectifié la perpendicularité

du grand miroir M'N', *fig.* 63, il faudra tenir le sextant dans un plan vertical, viser à l'horizon H, et faire
mouvoir l'alidade jusqu'à ce que la partie de derrière
H, de l'horizon coïncide avec celle de devant sur
la petite glace; alors les plans H''K, M'F, *fig.* 65 (1),
se trouvant perpendiculaires à l'instrument, leur
intersection KK'' et par suite K''B le sont pareillement (2); et si $m'f'$ forme un angle droit avec le sextant, la ligne BB'' et le plan P'BB'' seront perpendiculaires à l'instrument; d'où il suit que les parties
BB'', B''B, formeront une seule et même ligne droite
continue et perpendiculaire sur la base $m'n'$ de
$m'f'$ lorsqu'elles auront le point B'' commun ; mais
si $m'f'$ penche en avant ou en arrière, la ligne BB''
sera inclinée sur B''B, ; car le plan imaginé par ef,
perpendiculairement à celui du sextant, coupe K''B
suivant une droite perpendiculaire à l'instrument,
laquelle se trouve analogue à Bb'', *fig.* 16, *pl.* 2 ,
tandis que BB'', *fig.* 65 , l'est à BB'' de la même
fig. 16; donc BB'', *fig.* 65, formera avec B''B, qui

---

(1) Nous supprimons la lunette pour éviter le renversement des objets.

La *fig.* 65 représente l'observation avec le sextant renversé ; mais le raisonnement ne changerait pas si on le
mettait dans sa position naturelle.

(2) Car, 1°. l'intersection de deux plans est perpendiculaire sur un troisième , lorsque les deux premiers le
sont: 2°. un plan est perpendiculaire sur un autre quand il
passe par une droite qui remplit cette condition.

est dans le plan $P'H''H_1$ perpendiculaire au sextant, un angle qui fera paraître le point B hors le prolongement de $B''B_1$; mais, dans cette circonstance, si l'on incline l'instrument à droite et à gauche, on trouvera une position pour laquelle les lignes BB'', $B''B_1$ n'en formeront plus qu'une seule et même continue lorsqu'elles auront un point commun; ce qui aura lieu quand l'intersection des plans $M'F$, $m'f'$ sera horizontale et par suite parallèle à KK'' et à $B''B_1$; car, en imaginant un plan perpendiculaire à la commune section de $M'F$, $m'f'$, il le sera aussi à $K''B$, qui renferme KK'', et par suite à BB''; les quatre lignes KK'', BB'', $B''B_1$ et l'intersection de $M'F$ avec $m'f'$ seront donc parallèles comme perpendiculaires à un même plan; mais $BB''B_1$ ne se trouvera plus, comme dans le premier cas, perpendiculaire sur la base $m'n'$ de $m'f'$: donc, pour s'assurer de la perpendicularité de $m'f'$ sur le plan de l'instrument, on visera à l'horizon, puis tournant l'alidade et inclinant un peu le sextant à droite et à gauche, jusqu'à ce que les parties BB'', $B''B_1$ ne forment plus qu'une seule et même droite continue; si cette ligne paraît perpendiculaire sur $m'n'$, le miroir $m'f'$ aura la position demandée; dans le cas contraire, il faudra dévisser la vis qui est sur sa monture du côté du grand, et visser l'autre, ou réciproquement, suivant que $m'f'$ penchera en avant ou en arrière, jusqu'à ce que $BB''B_1$ soit perpendiculaire sur $m'n'$, lorsque ses parties BB'', $B''B_1$ seront continues.

Comme il est difficile de voir quand les lignes BB″,B″B., *fig.* 65, ne forment réellement qu'une seule droite, on donne au second petit miroir du sextant la forme de la *fig.* 66, pour laquelle on a étamé *m′f, ef′* et laissé *ef* transparent, afin de juger plus facilement de la coïncidence des directions des quatre parties BB″,B″B.,B.B‴,B ″B⁗, dont la première et la troisième sont vues par réflexion, et les deux autres directement.

Ce moyen d'établir la perpendicularité du second petit miroir sur un sextant, ne doit pas être employé pour celui *m′n′*, *fig.* 63, de la pièce P′VL′; car il vaut mieux le faire lorsque les glaces MN *m′n′* sont parallèles, de la manière indiquée, N°. 44 ou 46, pour la petite *mn*; d'ailleurs *m′n′*, *fig.* 63, n'est pas construit comme le représente la *fig.* 66, ce qui rend cette vérification trop peu susceptible d'exactitude.

On trouve rarement ce second petit miroir sur le sextant, car il ne sert ordinairement qu'à prendre hauteur par derrière, lorsqu'un obstacle, comme la vue de la côte, empêche de le faire par devant. Nous n'en avons même jamais vu qu'à des octans en bois dont les dimensions permettent de placer facilement ce second petit miroir assez loin du grand pour que la tête de l'observateur n'empêche pas aux rayons de l'objet réfléchi d'arriver jusqu'à la grande glace.

84. On prouvera, comme pour la petite glace *mn*, *fig.* 63, que l'inclinaison des surfaces opposées de *m′n′*, dans le sens de ses sections par des

plans parallèles au cercle, n'influe pas sur la mesure simple ou croisée des angles, à moins que les
rayons de l'objet réfléchi ne rencontrent la partie
transparente de *m'n'* avant d'arriver en C; ce qui
n'a lieu que pour *l'observation à gauche* des angles compris entre 81° et 87° environ, *fig.* 63, et
entre 77° et 83°, *fig.* 67, qu'il vaut mieux déterminer au moyen des miroirs ordinaires MN et *mn*;
on fera bien cependant de s'assurer de leur parallélisme, comme pour *mn*. A l'égard des erreurs occasionnées par l'inclinaison des surfaces opposées de la
grande glace MN, dans le sens des plans parallèles
au cercle, on ne peut pas se permettre l'usage de la
table VI de Borda, car elle est calculée pour
l'angle CLP de 20°, tandis que son analogue
CL'P' en diffère beaucoup, puisqu'il est de 84°
environ, *fig.* 63, et de 80°, *fig.* 67; mais en re-
prenant la théorie que nous avons donnée pour
calculer l'erreur produite par l'inclinaison des
surfaces opposées de la grande glace dans les
observations ordinaires du cercle, on obtiendra
des expressions analogues, au moyen desquelles
on formera aisément une table relative à celles que
l'on fait avec MN, *m'n'*.

85. Nous n'avons examiné que les erreurs produites par les inclinaisons des surfaces opposées des
glaces et des *verres colorés* dans le sens des plans parallèles à celui de l'instrument, car ce sont les seules
qui peuvent avoir une influence sensible sur les ré-

sultats, puisque les inclinaisons dans le sens des plans perpendiculaires au cercle se bornent à faire mesurer l'angle dans le plan de l'instrument, lequel ne coïncide pas, lors de l'observation, avec celui que déterminent les deux objets et le point de contact, ce qui ne peut occasionner d'erreurs appréciables dans toutes les circonstances pour lesquelles les angles des surfaces opposées des *glaces* et des *verres colorés* sont très petits, comme cela doit toujours avoir lieu.

86. Après avoir terminé la description du cercle de Borda, nous allons indiquer les remarques, les changemens et les suppressions qu'il faut y faire pour l'appliquer au sextant.

1°. Changer l'expression *cercle* ou *cercle de réflexion*, en *sextant*.

2°. Pour rendre les glaces parallèles, il faut fixer le zéro du vernier de l'alidade du grand miroir sur celui du limbe (afin de préparer l'instrument pour l'observation), faire mouvoir le petit au moyen d'une queue visible, qui est derrière sa monture, et que l'on tourne à la main ou avec une vis (1), jusqu'à ce que les images directe et réfléchie d'un objet éloigné coïncident dans la lunette.

3°. Supprimer les *observations croisées*.

4°. Lorsqu'on veut déterminer la distance de deux corps célestes, comme celle de la Lune au

_____

(1) M. Lenoir fils dispose deux vis opposées pour faire tourner une queue analogue qui est invisible.

Soleil ou à une étoile, il est avantageux de la chercher à moins d'un degré près dans la connaissance
des temps, de placer le zéro de l'alidade du grand
miroir sur ce nombre de degrés, ce qui amènera
infailliblement les images des deux objets sur la
surface du petit, ou dans le champ de la lunette,
et dispensera de diriger cette dernière vers l'un
des astres, qui est ordinairement le plus lumineux; puis, en partant de zéro, de faire avancer
l'alidade du grand miroir jusqu'à ce qu'en conservant sur la surface du petit, ou dans le champ
de la lunette, l'image réfléchie de cet astre, et
tenant l'instrument dans le plan des deux objets,
celle de l'autre s'y aperçoive en même temps directement; ce qui fatigue et demande une grande
habitude d'observer.

5°. Le sextant servirait, comme le cercle, à mesurer des angles à terre, en le plaçant sur un
pied, *fig.* 43 ou 44, pl. 3, s'il était muni d'une
vis pour le fixer en H'.

6°. Pour faire une *observation*, qui est toujours
à droite, il faut fixer le zéro du vernier de *l'alidade du grand miroir* sur celui du limbe, rendre
les glaces parallèles, en faisant mouvoir la *petite*,
diriger la lunette vers *l'objet de gauche*, ou mettre
le sextant dans une position renversée, et viser à
l'objet de droite, puis établir le contact en tournant *l'alidade du grand miroir*.

Il faudrait diriger la lunette vers *l'objet de droite*,
ou mettre le sextant dans une position renversée,

et viser à l'*objet de gauche*, si la poignée du sextant était placée de manière qu'on le tînt de la main
gauche, lorsqu'il est vertical et que l'arc est en bas.

7°. Les viseurs pour la rectification de la perpendicularité du plan du grand miroir sur celui
du sextant, manquent ordinairement; ce qui oblige
de viser à l'arc du limbe.

8°. On rectifie la perpendicularité du plan du
petit miroir sur celui du sextant de même que
pour celui du cercle, en observant toutefois qu'il
faut le tourner convenablement au moyen de sa
queue, s'il n'est pas placé de manière que, dans
une position de l'alidade du grand, qui ne doit
pas éloigner le zéro de son vernier de celui du
limbe, les deux images directe et réfléchie d'un
objet éloigné paraissent en même temps sur la surface du petit miroir ou dans le champ de la lunette.

Pour cette rectification, il est avantageux de fixer
d'abord le zéro du vernier de l'alidade du grand
miroir sur celui du limbe, et de faire mouvoir le petit
au moyen de sa queue et des vis de sa monture,
jusqu'à la coïncidence des images directe et réfléchie
d'un objet éloigné ou des parties d'une ligne sur la
surface du petit miroir ou dans le champ de la
lunette pour toutes les positions que l'on peut
donner au sextant, car on prépare de suite
l'instrument pour l'observation.

9°. Comme les plans des miroirs se dérangent
rarement de la perpendicularité sur celui de l'instrument, et qu'une petite erreur dans ce sens

n'influe pas sensiblement sur l'angle déterminé, lorsqu'il excède quelques degrés ; on peut,
dans une circonstance pressée, observer un angle
en mer ou à terre, sans vérifier si le parallélisme
des glaces a lieu, lorsque le zéro de l'alidade de la
grande est sur celui du limbe; mais, après l'observation, il faut, sans déranger la petite glace, chercher le point du limbe auquel correspond le zéro de
l'alidade de la grande, quand les surfaces des deux
miroirs sont parallèles, et déterminer l'arc lu sur
le sextant, à partir de ce point, ou, en d'autres
termes, augmenter ou diminuer l'angle donné par
l'instrument de la distance du zéro du limbe à celui du vernier, selon que ce dernier se trouve au
dehors ou en dedans du premier, ou, ce qui revient au même, au delà ou en deçà de celui du
limbe par rapport au point qu'il occupait lors de
l'observation de l'angle.

10°. Lorsque le sextant dont on se sert est muni d'une
lunette, on s'assure, comme pour celle du cercle,
si son axe est parallèle au plan de l'instrument.

11°. Dans un sextant, on peut, comme pour le
cercle, s'assurer si les surfaces opposées de la grande
glace sont parallèles entre elles, et, dans le cas contraire, calculer une table des erreurs qui résultent
de leur inclinaison, en se rappelant seulement que
l'on fait toujours des *observations à droite*.

12°. Les verres colorés d'un sextant sont toujours adaptés à l'instrument, au moyen d'un axe autour duquel ils tournent, et qui permet de les placer

devant le miroir pour lequel on les destine. On peut, comme avec le cercle, s'assurer du parallélisme des surfaces opposées de chaque verre coloré, en observant s'il change la mesure d'un angle invariable en le tournant dans sa monture, et déterminer l'erreur que l'inclinaison de ses surfaces opposées produit, en le changeant de côté, si cela est possible, ou en le tournant d'une demi-révolution dans sa monture.

13°. On prendra de la description et de l'usage de la pièce ajoutée au cercle pour déterminer l'inclinaison de l'horizon de la mer et la mesure des grands angles, ce qui est relatif au second petit miroir du sextant.

14°. Quoique le sextant n'ait qu'une alidade, on a cependant conservé dans ces remarques l'expression d'*alidade du grand miroir*, car elle est désignée ainsi dans la description du cercle.

ADDITION

Au paragraphe N°. 2, *dans lequel on a supposé les rayons* SK, S'K, fig. 2, *parallèles au plan sur lequel les miroirs* MN, *mn sont perpendiculaires.*

Si l'axe de rotation K, *fig.* 69, *pl.* 5, ne correspond pas à la surface réfléchissante M''N'' du grand miroir, et que l'on place cette dernière dans les deux positions M''N'', M'''N''', pour lesquelles les rayons Sk', $S'k''$ prennent les directions successives $k'L$ et LP, on aura $Sk'''S' = 2N''kN'''$.

Démonstration. De $\left\{ \begin{array}{l} Sk'N'' = Lk'M'' \\ S'k''N''' = Lk''M''' \end{array} \right\}$ on tire

$Sk'N'' - S'k''N''' = Lk'M'' - Lk''M'''$; mais $Sk'N'' = k''dk - k'kd$, $S'k''N''' = k'''dk - k''k'''d$, $Lk'M'' = k'k''k + k'kk''$, puisque chaque angle extérieur des triangles $k'dk.k''dk''',k'kk''$ est égal à la somme des deux intérieurs opposés : on a donc $k''dk - k'kd - k'''dk + k''k'''d = k'k''k + k'kk'' - Lk'M'''$ qui se réduit à $k'k'''d - k'kd = k'kk''$ et donne $Sk'''S' = 2N'kN''$.

On conclut de là et de $SKS' = 2NKN'$, N°. 2, que $NKN' = N'kN'''$, lorsque les objets S et S' sont assez éloignés de l'observateur pour négliger la différence des angles SKS' et $Sk'''S'$ qui est la même que celle de S et S'; car les deux triangles $k'''dS, KdS'$ ont un angle opposé au sommet et donnent $Sk'''d + S = d'KS' + S'$, d'où $Sk'''S' - SKS' = S' - S$.

Dans le paragraphe N°. 2, nous avons supposé le petit miroir mn, *fig.* 70, placé de manière que l'angle KLn étant égal à PLm, il renvoie vers P les rayons $SK,S'K$ qui sont réfléchis en K sur MN dans les deux positions MN et M'N'; mais si mn avait la direction $m'n'$, il réfléchirait vers P la direction $K'L$ ou $K''L$ que le grand miroir fait prendre aux rayons $SK',S'K''$; et l'on prouvera comme pour la *fig.* 69, que l'angle NKN', *fig.* 70, est la moitié de $SK'''S'$ qui ne diffère pas sensiblement de SKS' : d'où il suit qu'en tournant un peu la monture du petit miroir, cela n'influe pas sensiblement sur la mesure d'un angle.

On en conclut aussi que la position de la surface

réfléchissante de *mn*, par rapport à l'axe de rotation de sa monture, ne donne pas d'erreur sensible sur la mesure d'un angle, puisque en approchant ou en éloignant *mn* de MN, parallèlement à lui-même, il réfléchit vers P les rayons $k'L'$, $k''L'$ parallèles à KL, qui viennent de différens points de la surface du grand miroir. En tournant convenablement la monture du petit miroir, on peut diriger $m''n''$ de manière qu'il renvoie vers P les rayons réfléchis en K.

Le petit miroir est placé dans la position la plus convenable, lorsqu'il renvoie vers la pinnule les rayons qui sont réfléchis en K sur la surface du grand miroir.

Pour donner cette position à *mn*, *fig.* 70, on fixe en K sur MN un petit corps, tel que du papier humecté et écrit : si la réflexion de ses rayons KL, vers la pinnule P, le fait paraître au milieu L de la largeur *mn*, le petit miroir sera placé convenablement ; dans le cas contraire, on l'y ramènera en tournant sa monture.

Il faut ôter les verres de la lunette pour faire cette observation ; car le corps placé en K n'est pas assez éloigné de l'objectif pour être vu distinctement au moyen de la lunette.

Remarque. Le petit miroir ne renverrait vers la pinnule aucun rayon réfléchi sur le grand, s'il était placé de manière que les rayons qui partent de l'ouverture P ne rencontrassent pas le grand miroir après leurs réflexions sur *mn*.

FIN.

TABLE I. Réduction au méridien pour les observations faites au cercle de Borda; par M. Delambre.

Argument. Angle horaire en temps.

Sec.	0'	1'	2'	3'	4'	5'	6'	7'	8'	9'	10'	11'	12'	13'	14'	15'
0	0",0	2",0	7",8	49",1	31",4	17",7	70",7	96",2	125",7	158",0	196",3	237",5	282",7	331",8	381",8	441",6
1	0,0	2,0	8,0	49,4	31,7	17,9	71,1	96,9	126,2	159,6	197,0	238,3	283,6	332,3	385,6	442,6
2	0,0	2,1	8,2	49,7	31,9	18,1	71,5	97,2	126,7	160,2	197,6	239,0	284,2	333,4	386,5	443,6
3	0,0	2,2	8,4	50,0	32,2	18,3	71,9	97,5	127,2	160,8	198,3	239,7	284,9	334,3	387,5	444,6
4	0,0	2,2	8,5	50,4	32,5	18,5	72,3	98,1	127,8	161,4	198,9	240,4	285,8	335,3	388,4	445,6
5	0,0	2,3	8,5	50,7	32,7	18,7	72,7	98,5	128,3	162,0	199,6	241,2	286,6	336,0	389,3	446,5
6	0,0	2,4	8,7	51,1	33,0	18,9	73,1	99,0	128,8	162,6	200,3	241,9	287,4	336,9	390,2	447,5
7	0,0	2,4	8,8	51,4	33,2	19,1	73,5	99,4	129,4	163,2	200,9	242,6	288,2	337,6	391,1	448,5
8	0,0	2,5	8,9	51,7	33,5	19,3	73,9	99,9	129,9	163,8	201,6	243,3	289,0	338,6	392,1	449,5
9	0,0	2,6	9,1	52,1	33,8	19,5	74,3	100,4	130,4	164,4	202,2	244,1	289,8	339,4	393,0	450,5
10	0,0	2,6	9,2	52,4	34,1	19,7	74,7	100,8	131,0	165,0	202,9	244,8	290,6	340,3	393,9	451,5
11	0,0	2,7	9,4	52,7	34,3	19,9	75,1	101,3	131,5	165,6	203,6	245,5	291,4	341,2	394,8	452,5
12	0,0	2,8	9,6	53,1	34,6	20,1	75,5	101,8	132,0	166,2	204,2	246,2	292,2	342,6	395,8	453,5
13	0,0	2,9	9,8	53,4	34,9	20,3	75,9	102,3	132,6	166,8	204,9	246,9	293,0	342,9	396,7	454,5
14	0,0	3,0	9,9	53,8	35,2	20,5	76,3	102,7	133,1	167,4	205,6	247,7	293,8	343,7	397,7	455,5
15	0,0	3,0	9,1	54,1	35,5	20,7	76,7	103,2	133,6	168,0	206,3	248,5	294,6	344,6	398,6	456,5
16	0,0	3,1	9,3	54,5	35,7	20,9	77,1	103,7	134,2	168,6	206,9	249,2	295,4	345,5	399,5	457,5
17	0,0	3,3	9,6	54,8	35,9	21,1	77,5	104,2	134,7	169,2	207,6	249,9	296,2	346,3	400,4	458,5
18	0,0	3,3	9,8	55,1	36,3	21,4	77,9	104,6	135,3	169,8	208,3	250,7	297,0	347,2	401,4	459,5
19	0,0	3,4	9,9	55,5	36,6	21,6	78,3	105,1	135,8	170,4	208,9	251,4	297,8	348,1	402,3	460,5
20	0,0	3,5	9,1	55,8	36,9	21,8	78,8	105,6	136,4	171,0	209,6	252,1	298,6	349,0	403,3	461,5
21	0,0	3,6	10,4	56,2	37,2	22,3	79,2	106,1	136,9	171,6	210,3	252,9	299,4	349,8	404,2	462,5
22	0,0	3,7	10,6	56,5	37,4	22,5	79,6	106,6	137,4	172,2	211,0	253,6	300,2	350,7	405,1	463,5
23	0,0	3,8	10,8	56,9	37,7	22,7	80,0	107,0	138,0	172,9	211,6	254,4	301,0	351,6	406,1	464,5
24	0,0	3,8	11,3	57,3	38,0	22,7	80,4	107,5	138,5	173,5	212,3	255,1	301,8	352,5	407,0	465,5
25	0,0	3,9	11,6	57,6	38,3	22,9	80,8	108,0	139,1	174,1	213,0	255,9	302,6	353,3	408,0	466,5
26	0,0	4,0	11,8	58,3	38,6	23,1	81,3	108,5	139,6	174,7	213,7	256,6	303,5	354,2	408,9	467,5
27	0,0	4,1	11,9	58,3	38,9	23,4	81,7	109,0	140,2	175,3	214,4	257,4	304,3	355,1	409,8	468,5
28	0,0	4,2	11,9	58,7	39,2	23,8	82,1	109,5	140,7	175,9	215,1	258,1	305,0	356,0	410,8	469,5

TABLE L. Réduction au méridien pour les observations faites hors du cercle de sûreté; par M. Delambre.

Argument. Angle horaire en temps.

Sec.	0'	1'	2'	3'	4'	5'	6'	7'	8'	9'	10'	11'	12'	13'	14'	15'
30	0",5	4",4	12",3	21",1	39",7	59",4	83",0	106",4	141",3	177",2	216",4	259",7	306",7	357",7	412",5	471",5
31	0,6	4,6	12,4	21,3	40,1	59,8	83,4	110,9	142,1	177,8	217,1	260,4	307,5	358,6	413,6	472,6
32	0,6	4,6	12,6	24,5	40,3	60,5	83,8	111,4	143,5	178,4	217,8	261,1	308,4	359,5	414,6	473,6
33	0,6	4,7	12,8	24,7	40,6	60,8	84,3	111,9	144,1	179,1	218,5	261,9	309,2	360,5	415,6	474,7
34	0,6	4,8	12,9	25,0	40,9	60,8	84,7	112,4	144,6	179,7	219,2	262,6	310,0	361,3	416,6	475,7
35	0,7	4,9	13,1	25,2	41,2	61,2	85,2	112,9	144,6	180,3	219,9	263,4	310,8	362,2	417,5	476,6
36	0,7	5,0	13,3	25,4	41,5	61,6	85,6	113,4	145,2	180,9	220,6	264,1	311,6	363,1	418,4	477,6
37	0,8	5,2	13,6	25,7	41,8	61,9	86,0	113,9	145,8	181,6	221,3	264,9	312,5	363,9	419,4	478,7
38	0,8	5,3	13,8	25,9	42,1	62,3	86,5	114,4	146,3	182,2	222,0	265,7	313,3	364,6	420,3	479,7
39	0,8	5,3	13,8	26,2	42,5	62,7	86,9	114,9	146,9	182,8	222,7	266,1	314,2	365,3	421,3	480,7
40	0,9	5,4	14,0	26,4	42,8	63,0	87,3	115,4	147,5	183,4	223,4	267,9	315,0	366,6	422,2	481,7
41	0,9	5,6	14,3	26,6	43,1	63,4	87,7	115,9	148,1	184,1	224,1	267,9	315,8	367,5	423,2	482,8
42	0,9	5,8	14,5	26,9	43,4	63,8	88,2	116,4	148,7	184,7	224,8	268,7	316,6	368,4	424,2	483,8
43	1,0	5,9	14,7	27,1	43,7	64,2	88,6	116,9	149,2	185,3	225,5	269,3	317,4	369,3	425,1	484,8
44	1,1	5,9	14,7	27,4	44,0	64,5	89,0	117,4	149,7	186,0	226,2	270,2	318,3	370,2	426,1	485,8
45	1,1	6,0	14,8	27,6	44,3	64,9	89,5	117,9	150,3	186,6	226,9	271,9	319,1	371,1	427,0	486,9
46	1,2	6,1	15,0	27,9	44,6	65,3	89,9	118,4	150,9	187,3	227,6	271,6	319,8	372,0	428,0	487,9
47	1,2	6,4	15,4	28,1	44,9	65,7	90,3	118,9	151,5	187,9	228,3	272,4	320,6	372,8	429,0	488,9
48	1,3	6,5	15,6	28,3	45,2	66,0	90,8	119,5	152,0	188,5	229,0	273,3	321,6	373,8	430,0	490,9
49	1,3	6,5	15,6	28,6	45,5	66,4	91,2	120,0	152,6	189,2	229,7	274,1	322,4	374,7	430,9	491,0
50	1,4	6,6	15,8	28,8	45,8	66,8	91,6	120,5	153,2	189,8	231,4	274,9	323,3	375,6	431,8	492,0
51	1,4	6,8	16,1	29,1	46,1	67,2	92,1	121,5	153,8	190,5	231,8	275,6	324,1	376,5	432,8	493,1
52	1,5	7,0	16,3	29,3	46,5	67,6	92,5	121,5	154,4	191,1	232,1	276,4	325,8	377,4	433,8	494,1
53	1,5	7,1	16,5	29,6	46,8	68,0	93,0	122,0	155,0	191,8	232,5	277,2	325,7	378,3	434,8	495,1
54	1,6	7,1	16,5	29,9	47,1	68,3	93,5	122,5	155,5	192,4	233,3	278,9	326,7	379,2	435,7	496,2
55	1,6	7,3	16,7	30,1	47,4	68,7	93,9	123,1	156,1	193,1	234,1	278,5	327,5	380,0	436,7	497,2
56	1,6	7,3	16,9	30,4	47,8	69,1	94,3	123,6	156,7	193,7	234,8	279,3	328,4	381,1	437,7	498,2
57	1,8	7,5	17,3	30,9	48,1	69,5	94,8	124,1	157,3	194,4	235,5	280,3	329,2	382,0	438,7	499,3
58	1,8	7,6	17,5	30,9	48,4	69,9	95,3	124,6	157,8	195,0	236,1	281,1	330,0	382,9	439,6	500,3
59	1,9	7,7	17,5	31,1	48,7	70,3	95,7	125,1	158,4	195,7	236,8	281,9	330,9	383,8	440,6	501,4

TABLE V. *Des corrections pour la déviation du plan dans lequel on observe le contact.*

Angles observés	QUANTITÉ DE LA DÉVIATION										
	10'	15'	20'	25'	30'	35'	40'	45'	50'	55'	60'
0°	0″	0″	0″	0″	0″	0″	0″	0″	0″	0″	0″
10	0	1	1	1	2	2	3	3	4	5	6
20	0	1	1	2	3	4	5	6	8	9	11
30	0	2	3	3	4	6	8	10	12	14	17
40	1	2	3	4	6	8	10	13	16	19	23
50	1	3	4	5	7	10	13	16	20	24	29
60	1	3	4	6	9	12	16	20	25	30	36
65	1	3	5	7	10	14	18	23	28	34	40
70	1	3	5	8	11	15	20	25	31	37	44
75	2	4	6	9	12	16	21	27	33	40	48
80	2	4	6	10	13	18	24	30	37	45	53
85	2	4	7	11	15	20	26	33	40	49	58
90	2	5	8	12	16	21	28	35	44	53	1′3
95	2	5	9	13	17	23	31	39	48	58	1′9
100	3	6	9	14	19	26	34	42	52	1′3	1′15
105	3	6	10	16	21	28	36	46	57	1′9	1′22
110	3	7	11	17	23	31	40	51	1′3	1′16	1′30
115	4	8	12	19	25	34	44	56	1′9	1′23	1′39
120	5	11	13	21	27	37	48	1′8	1′16	1′32	1′49
125	6	15	15	23	30	41	53	1′16	1′24	1′53	2′15
130	1′0	22	19	30	34	46	1′17	1′37	1′34	2′25	2′53
140	10	44	26	41	43	59	1′44	2′12	2′42	3′17	3′54
150	20	0	40	1′2	59	1′20	2′38	3′20	4′7	4′59	5′56
160	0		1′19	2′3	1′29	2′4	5′16	6′40	8′14	9′57	11′51
170			0	0	2′58	4′0	0	0	0	0	5′1
180	20′	30′	40′	50′	60′	70′	80′	90′	100′	110′	130′

TABLE VI.

Des erreurs des surfaces du grand miroir, lorsque ces surfaces font entre elles un angle de 1'.

Angles observés.	Observations à droite.		Observations à gauche.		Observations croisées.	
0°	0'	0''	0'	0''	0'	0''
10		2		1		2
20		6		2		4
30		10		1		6
40		16		0		8
45		19		1		9
50		23		2		11
55		28		4		12
60		33		6		14
65		38		8		15
70		47		10		18
75		55		13		21
80	1'	4		16		24
85	1	15		19		28
90	1	28		23		32
95	1	43		28		37
100	2	1		33		43
105	2	23		38		53
110	2	50		47	1'	2
115	3	23		55	1	12
120	4	5	1'	4	1	31
125	5	0	1	15	1	53
130	5	58	1	28	2	15

ERRATA.

Pag. 6, lig. 12, *au lieu de*: On peut en dire autant du petit miroir, quoique cette condition ne soit pas aussi essentielle que relativement au grand ; car il fait constamment le même angle avec le rayon réfléchi qui le rencontre, *lisez* : On peut en dire autant de l'axe de rotation de la monture de la petite glace.

Pag. 6, lig. 23, *après* glaces, *ajoutez* : Sans que l'extrémité de la lunette paraisse sur le petit miroir par la réflexion de ses rayons sur les glaces.

Pag. 14, lig. 11, *supprimez* : de.

Pag. 14, lig. 24, *au lieu de*: S′, le plus à droite, travers, *lisez* : S, le plus à gauche, à travers.

Pag. 14, lig. 26, *au lieu de* : l'alidade CD de D vers Q : cette différence, etc., *lisez* : Vers Q l'extrémité D de l'alidade CD qui serait du côté de PL, par rapport à MN.

Pag. 29, lig. 8, *au lieu de* : Q″Q′, *lisez* : Q″Q.

Pag. 35, lig. 14, *au lieu de* : 6°, *lisez* : 12°.

Pag. 35, lig. 15, *au lieu de* : 13°, *lisez* : 23°.

Pag. 35, lig. 24, *au lieu de* : S, *lisez* : S′.

Pag. 35, lig. 28, *au lieu de* : S′, fig. 4, *lisez* : S.

Pag. 42, lig. 28, *au lieu de* : du, *lisez* : perpendiculaire au.

Pag. 56, lig. 22, *au lieu de* : les droites PS′, KS′ lui sont parallèles, ainsi que KL, qui est dans le plan mené par KS′ perpendiculairement à EN, *lisez* : N°. 3, la droite PS′ lui est parallèle ; et les rayons S′K, compris dans le plan mené par S′ parallèlement au cercle, n'en sortent pas en se réfléchissant sur EN.

Pag. 86, lig. 3, *au lieu de*: PA″, *lisez* : A″.

Pag. 111, lig. 30, *après*, de même, *ajoutez* : de l'angle zOp, *fig.* 35.

Pag. 111, lig. 31, *au lieu de* : donnât l'angle zOp, *fig.* 35, *lisez* : le donnât.

Pag. 120, lig. 4, *au lieu de* : sa, *lisez* : la.

Pag. 121, lig. 23, *au lieu de* : l'œil de l'observateur, *lisez* : le point de contact.

Pag. 122, lig. 18, *au lieu de* : l'œil, *lisez* : le foyer principal.

Pag. 125, lig. 24, *au lieu de* : double, *lisez* : quadruple.

Pag. 135, lig. 3, *au lieu de* : ci-après, n°. 71, si, *lisez* : N°. 71. Si.

Pag. 175, lig. 4, *au lieu de* : H₁, *lisez* : H.

TABLE

DES ARTICLES.

Numéros.   Pages.

1. Principe fondamental de la théorie et de la
construction des instrumens à réflexion, ...   1

2. Application du principe ci-dessus à la construction
fondamentale des instrumens à réflexion , ...   2

Voyez aussi l'Addition , *page* 183.

3. Description succincte des principales parties qui
forment le cercle de réflexion , ...   3

4. Remarques générales sur les diverses directions
qu'un corps transparent fait prendre aux rayons
lumineux qui le rencontrent, ...   8

5. Remarques relatives aux rayons lumineux qui produisent les images des objets réfléchi et direct
dans les instrumens à réflexion , ...   9

6. Réflexions sur la production des lumières blanches
que l'on voit quelquefois dans le champ de la
lunette, et sur les moyens de les diminuer ou de
les détruire , ...   10

7. Moyens de rendre parallèles les miroirs des instrumens à réflexion, et particulièrement ceux du
cercle, ...   12

8. Mesure simple de l'angle formé par les directions
des rayons lumineux qui viennent de deux points
ou objets, ...   14

Numéros.   Pages.

9. Remarques générales sur la mesure simple d'un
angle avec les divers instrumens à réflexion dont
on fait usage, ...   16

10. Indication des différens angles que l'on peut mesurer
avec les instrumens à réflexion, et usage des
verres colorés, ...   17

11. Réflexions relatives aux moyens d'obtenir la distance
angulaire des centres de deux objets qui ont une
étendue appréciable, la hauteur du centre d'un
corps de dimensions sensibles, le supplément de
la hauteur d'un objet quand elle surpasse 60°, et
remarques particulières sur la mesure des hauteurs de la Lune et des étoiles, ...   18

12. Moyen de rendre les miroirs parallèles en mesurant
le diamètre du Soleil, ...   22

13. Réflexions sur le passage de la mesure simple des
angles aux *observations croisées*, ...   23

14. *Observations croisées*, ou moyen d'obtenir sur le
limbe du cercle des arcs multiples de l'angle que
l'on veut mesurer, en dirigeant successivement le
petit miroir ou la lunette vers chacun des deux
points ou objets, ...   23

15. Inconvéniens qui résultent de la direction alternative du petit miroir ou de la lunette vers chacun
des deux objets, dans les *observations croisées*
de certains angles, ...   25

16. *Observations croisées* faites en dirigeant constamment le petit miroir ou la lunette vers le même
objet, ...   25

Numéros. Pages.

17. Définitions des *observations à gauche*, *à droite* et
    croisées, ... 26

18. Principaux avantages des *observations croisées*, . 27

19. Inconvéniens qui peuvent arriver dans le cours d'une
    même série d'*observations croisées*; et moyens de
    tirer parti d'un nombre impair de contacts, . . 28

20. Points de départs que l'on doit préférer en commen-
    çant diverses séries, ... 29

21. Moyens de déterminer les positions successives des
    alidades pour amener sans tâtonnement les deux
    objets sur la surface du petit miroir ou dans le
    champ de la lunette, ... 30

22. Description et usage de l'*arc subsidiaire* qui rem-
    place avec avantage les moyens donnés ci-dessus, 31

23. Moyens d'obtenir les positions relatives des alidades
    pour mesurer la distance angulaire de deux astres, 34

24. Mesure d'un angle variable, et correction qu'il faut
    faire à une hauteur méridienne déterminée par
    des *observations croisées* ou *non croisées*, . . . 36

25. Différentes manières de commencer les *observations
    croisées*, ... 38

26. Moyen de faire les *observations croisées* pour avoir
    directement la hauteur du centre d'un astre de
    diamètre sensible, sa distance angulaire à un point
    terrestre ou céleste, ou à un corps céleste d'éten-
    due appréciable; et réflexions sur la manière d'ob-
    server la distance de la Lune au Soleil ou à une
    étoile pour en conclure la longitude, ... 39

27. Inconvéniens qui empêchent de mesurer à terre la
    hauteur d'un objet au-dessus de l'horizon, . . . 41

Numéros.   Pages.

28. Description de l'horizon artificiel le plus usité, du ni-
     veau à bulle d'air ; et moyen de rendre horizon-
     tal le plan de l'horizon artificiel, en se servant du
     niveau, ...   42

29. Moyen de déterminer la valeur de chaque division
     d'un niveau, ...   43

30. Moyens d'obtenir l'inclinaison du plan de l'horizon
     artificiel suivant la direction du vertical d'un objet,
     d'en corriger la hauteur observée, et de détermi-
     ner le point auquel correspond le centre de la
     bulle du niveau, quand sa base est horizontale,   46

31. Différentes espèces d'horizons artificiels dont on peut
     faire usage, ...   49

32. Observations avec l'horizon artificiel, ...   51

33. Description d'un pied simple, ...   53

34. Mesure simple d'un angle, en plaçant le cercle sur
     le pied précédent, ...   55

35. Moyen de faire des *observations croisées*, en plaçant
     le cercle sur un pied simple, et en dirigeant suc-
     cessivement son petit miroir ou sa lunette vers
     chacun des deux objets, ...   56

36. Inconvénient que présente le pied simple quand on
     veut faire des *observations croisées* en dirigeant
     constamment le petit miroir ou la lunette du
     cercle qu'il supporte vers le même objet : descrip-
     tion d'un pied composé et moyen de s'en servir,   57

37. Disposition d'un pied et du cercle qu'il supporte
     pour mesurer la hauteur d'un objet au-dessus de
     l'horizon, ...   61

Numéros.   Pages.

38. *Observations simples* et *croisées* de la hauteur d'un
objet au-dessus de l'horizon, en plaçant le cercle
sur un pied, ...   65

39. Récapitulation des divers moyens d'obtenir des *observations à gauche, à droite* et *croisées*, . . .   65

Du *vernier*, ou moyen de lire sur le limbe l'arc
correspondant au zéro d'une alidade, ...   67

Principe fondamental de la construction du *vernier*, ...   67

40. Application de ce principe à la lecture de l'arc sur
le limbe du cercle de réflexion, ...   68

Réflexions sur la division du limbe d'un cercle
et sur celle de l'arc d'un sextant, ...   69

Description de la *loupe*, et moyen de s'en servir, .   69

41. Préambule des vérifications et des rectifications à
faire aux instrumens à réflexion, ...   70

42. Vérification de la division du limbe, ...   70

43. Vérification de la perpendicularité du plan du grand
miroir sur celui de l'instrument, et moyen de
l'établir avec ou sans *viseurs*, ...   73

44. Vérification de la perpendicularité du plan du petit
miroir sur celui de l'instrument, et moyen de
l'établir en visant à un point, ...   76

Autre moyen, en visant à une ligne.

45. Remarques et propositions préparatoires pour passer
à la vérification ou à la rectification de la perpendicularité du plan du petit miroir sur celui de l'instrument en visant à une ligne, ...   78

46. Application des résultats précédens à la vérification

Numéros.   Pages.

ou à la rectification de la perpendicularité du plan du petit miroir sur celui de l'instrument en visant à une ligne, ... 84

47. Déviations qu'éprouve un rayon lumineux en traversant un corps transparent, ... 90

48. Formation d'une *lentille*, et indication des effets qu'elle produit sur des rayons de lumière lorsqu'ils sont parallèles entre eux, et à la ligne qui passe par le *centre* et par le *foyer* de la *lentille*, 92

49. Décomposition de la lumière par un prisme transparent, ... 94

50. Effets que produit une *lentille* sur les rayons d'un point placé à différens endroits de la ligne qui passe par le *centre* et par le *foyer* de la *lentille*, ... 96

51. Effets d'une *lentille* sur des rayons parallèles entre eux, lorsqu'ils ne le sont pas à la ligne qui joint le *centre* et le *foyer* de la *lentille*, ainsi que sur ceux d'un point placé hors de la même droite, . . 98

52. Théorie et usage de la *loupe*, ... 99

53. Formation et théorie des *lunettes*, ... 102

54. Réflexions sur la manière de réunir deux *lentilles* pour faire une *lunette*, et sur les usages des fils placés à son *foyer*, ... 105

55. Examen relatif à la position du *foyer* que forment dans une lunette des rayons parallèles entre eux, ou qui viennent d'un point éloigné, ... 105

56. Définition du *grossissement d'une lunette*, et moyens de le déterminer 106

Numéros. Pages.

57. Moyen que l'on emploie pour détruire l'*irradiation de réfrangibilité*, ... 108

58. Des lunettes à quatre verres convexes qui redressent les objets; et réflexions générales sur les diverses améliorations que l'on a faites aux lunettes, . . . 109

59. Réflexions sur la grandeur apparente des objets que l'on voit au moyen d'une lunette, et sur quelques illusions d'optique, ... 112

60. Description de la lunette du cercle, ... 114

61. Description de la *lunette d'épreuve*, ... 115

62. Usage de la *lunette d'épreuve* pour s'assurer du parallélisme de l'axe d'une lunette avec le plan de son instrument, ou pour l'établir, ... 117

63. Autres moyens de vérifier et de rectifier la position de l'axe de la lunette d'un instrument sans se servir de la *lunette d'épreuve*, ... 119

64. Usage des vis qui supportent la lunette pour l'éloigner ou l'approcher du plan du cercle; et points de repères des supports de la lunette, ... 120

65. Indication de l'endroit où il faut observer le contact des objets dans la lunette, et correction à faire dans certains cas à l'angle mesuré, ... 121

66. Résumé des principales vérifications dont on s'est occupé, et énoncé de la majeure partie de celles qui restent à examiner, ... 123

67. Moyen de s'assurer du parallélisme des surfaces opposées de la grande glace, de déterminer et de corriger l'erreur que leur inclinaison occasionne dans la mesure des angles; et cause physique pour

Numéros.   Pages

laquelle on fait correspondre l'axe de rotation de
la monture de chaque glace au tiers de son épaisseur, à partir de la surface étamée, ...   123

68. Préambule de l'examen théorique des erreurs que
produit une grande glace prismatique sur la mesure des angles, ...   128

69. Détermination de l'angle sous lequel les rayons de
l'objet réfléchi rencontrent la surface antérieure de
la grande glace, lors du parallélisme des miroirs
et dans les *observations à gauche* et *à droite*, .   129

70. Examen théorique des erreurs que produit une
grande glace prismatique sur la mesure d'un
angle, ...   135

71. Causes physiques pour lesquelles une grande glace
prismatique influe d'autant plus sur la position de
l'alidade que l'on fait mouvoir pour obtenir un
contact, que les rayons de l'objet réfléchi rencontrent sa première surface sous un plus petit
angle, ...   137

72. Examen relatif aux déviations que les parties étamée et transparente d'une petite glace prismatique
font éprouver aux rayons des objets réfléchi et
direct, par rapport aux directions qu'ils prendraient si ses surfaces opposées étaient parallèles :
preuves que ces déviations n'influent pas sur la
mesure *simple* ou *croisée* des angles, excepté
quand les rayons de l'objet réfléchi traversent la
partie transparente de la petite glace avant d'arriver à la grande ; et détermination de l'erreur occasionnée, dans ce dernier cas, sur la mesure
simple ou *croisée* d'un angle, ...   140

73. Moyen de s'assurer du parallélisme des surfaces opposées d'un verre *étamé* ou *non étamé*, indépendamment de sa position dans les instrumens
à réflexion, ...   147

74. Forme et usage des *verres colorés* et de la
ventelle, et nécessité du parallélisme des surfaces opposées des *verres*, ...   149

75. Moyens de s'assurer du parallélisme des surfaces opposées des *verres colorés*, et de déterminer ou
de détruire les erreurs qu'ils peuvent occasionner
dans les observations lorsqu'ils sont prismatiques, ...   152

76. Autre moyen de s'assurer du parallélisme des surfaces opposées des *verres colorés* et de la *petite glace*, indépendamment de leur position
dans les instrumens à réflexion, ...   158

77. Description de la pièce que l'on ajoute au cercle pour
déterminer la dépression de l'horizon de la mer,   160

78. Moyen de déterminer la dépression de l'horizon par
la mesure *simple* de la partie visible d'un vertical,   161

79. Moyen de déterminer la dépression de l'horizon par
des *observations croisées*, ...   162

80. Avantages que l'on peut tirer de la pièce ci-dessus
pour mesurer de très grands angles ; nouvelle
forme que nous lui avons donnée, et résultats
obtenus avec le cercle auquel on l'a ajoutée, . .   165

81. Moyen d'obtenir la hauteur d'un objet corrigée de
la dépression, en faisant des observations *par devant* et *par derrière* avec le cercle ; conséquen-

Numéros.		Pages.
	ces que l'on en déduit pour les appliquer au second petit miroir d'un sextant, ...	170
82.	Application des résultats ci-dessus au second petit miroir d'un sextant, et moyen de s'en servir pour prendre hauteur *par derrière*, ...	172
83.	Rectification de la perpendicularité du second petit miroir sur le plan du sextant, ...	174
84.	Examen des erreurs que peuvent occasionner les inclinaisons des surfaces opposées de la seconde petite glace et de la grande, dans les observations que l'on fait avec elles, ...	177
85.	Réflexion générale sur les divers examens précédens qui ont rapport aux erreurs occasionnées dans la mesure des angles par les inclinaisons des surfaces opposées des *glaces* et des *verres colorés*,	178
86.	Remarques, changemens et suppressions qu'il faut faire à la description du *cercle* pour l'appliquer au *sextant*, ...	179
	TABLE Ire. de M. Delambre, publiée dans la connaissance des temps de l'an XII, ... 186 et 187	
	TABLE V^e. de Borda publiée dans sa description du cercle, ...	188
	TABLE VIe. de Borda, *id.*, ...	189
	ERRATA, ...	190

FIN DE LA TABLE DES ARTICLES.

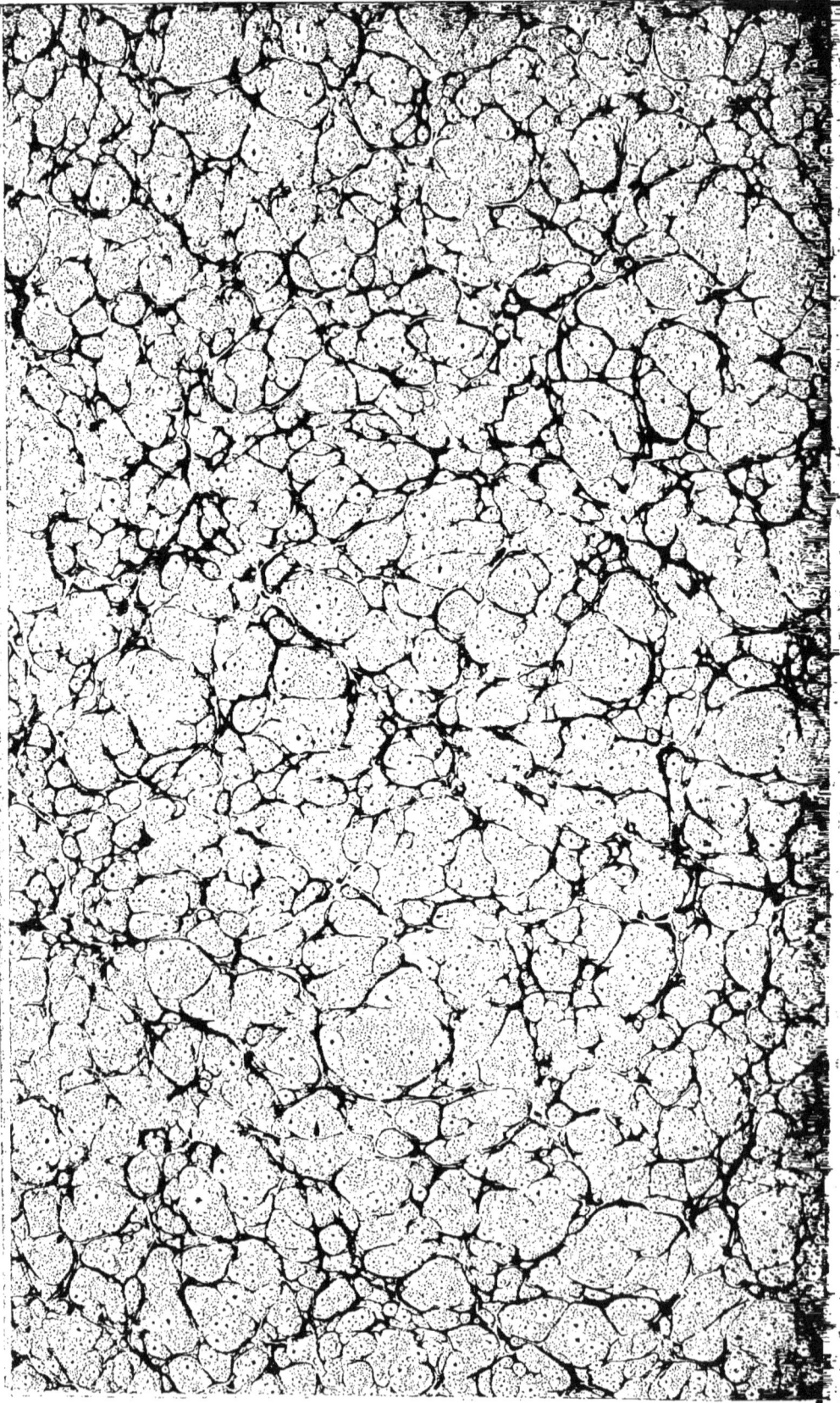

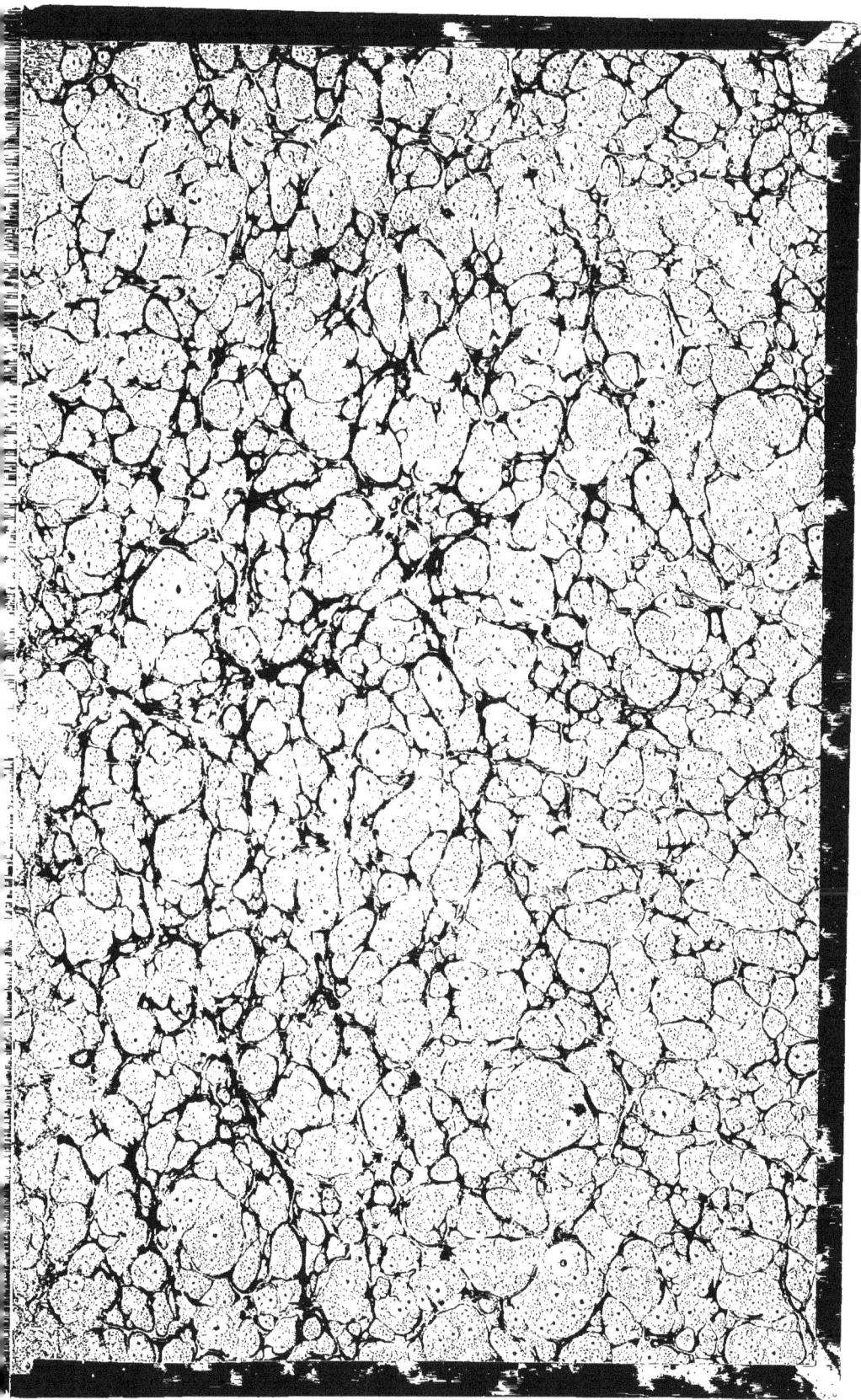